Erfolgreich im Assessment-Center

Christian Püttjer und *Uwe Schnierda* arbeiten seit 1992 als Trainer und Berater in den Bereichen Karriere, Bewerbung und Rhetorik. Ihre Erfahrungen aus Seminaren und Einzelberatungen haben sie, angereichert durch viele Tipps und Übungen, in zahlreichen Ratgebern veröffentlicht. Bei Campus erscheinen von Püttjer und Schnierda für Hochschulabsolventen unter anderem *Vom Bewerber zum Wunschkandidaten* und *So überzeugen Sie im Bewerbungsgespräch.*

Christian Püttjer & Uwe Schnierda

Erfolgreich im Assessment-Center

Das Trainingsprogramm für Hochschulabsolventen

Illustrationen von Hillar Mets

Campus Verlag
Frankfurt/New York

Die Deutsche Bibliothek – CIP-Einheitsaufnahme

Ein Titeldatensatz für diese Publikation ist bei Der Deutschen Bibliothek erhältlich
ISBN 3-593-36694-0

Umschlaggestaltung: Frank Koschembar/Gute Kommunikation, Frankfurt/Main
Umschlagbild: Holger Blatterspiel, Frankfurt/Main
Illustrationen: Hillar Mets, Tallinn
Satz: Publikations Atelier, Frankfurt/Main
Druck und Bindung: Druckhaus Beltz, Hemsbach
Gedruckt auf säurefreiem und chlorfrei gebleichtem Papier.
Printed in Germany

Inhalt

Einleitung

Herzlichen Glückwunsch, Sie haben eine Einladung zu einem Assessment-Center erhalten. Das bedeutet, Sie sind in den engeren Kreis der Bewerber aufgenommen worden. Aber was verbirgt sich hinter einem Assessment-Center? Was erwartet Sie? Und was wird von Ihnen erwartet? Obwohl das Assessment-Center bei vielen Unternehmen schon seit langer Zeit im Einsatz ist, gibt es immer noch viele Gerüchte darüber. Denn zumeist ist unbekannt, nach welchen Kriterien die Bewerber im Assessment-Center bewertet werden, welches Verhalten zum Erfolg führt und wie man es schafft, sich von anderen Bewerbern abzuheben.

Herausforderung Assessment-Center

Informationen aus erster Hand sind schwer zu bekommen. Kommilitonen, die während des Studiums Arbeitsgemeinschaften gebildet und sich bei Klausurvorbereitungen oder Seminararbeiten gegenseitig unterstützt haben, kapseln sich nun während des Bewerbungsverfahrens ab. Aus Mitstudenten werden unliebsame Mitbewerber. Die Sorge, anderen Wettbewerbsvorteile zu verschaffen, lässt Hochschulabsolventen beim Berufseinstieg zu Einzelkämpfern werden. Die wenigen auskunftsfreudigen Kommilitonen, die bereits Assessment-Center durchlaufen haben, können im Regelfall nur die Aufgabenstellungen wiedergeben. Strategien, wie die Übungen zu bewältigen sind, können sie in den seltensten Fällen liefern.

Informationen aus erster Hand?

Die Fragestellungen eines Assessment-Centers unterscheiden sich deutlich von den Prüfungen an der Universität. Im Mittelpunkt steht nicht das fachliche Wissen. Auf den Prüfstand kommt ihre soziale Kompetenz: Soft Skills wie beispielsweise Teamfähigkeit, Kommunikationsgeschick, Durchsetzungsvermögen, Belastbarkeit, Eigeninitiative, Leistungsbereitschaft, Kreativität, Zielorientierung, Führungspotenzial oder Entscheidungsfreude werden durch die Übungen im Assessment-Center abgefragt. - Warum?

Die moderen Formen der Arbeitsorganisation sind nicht alleine durch Fachwissen zu bewältigen. Flache Hierarchien, kurze Entscheidungswege und Projektarbeit erfordern zusätzliche Kompetenzen. Entscheidungen müssen begründet, Teammitglieder wollen überzeugt und auch das eigene Handeln sollte produktiv reflektiert werden können. Neben den internen Veränderungen der Arbeitsabläufe kommt noch die verstärkte Ausrichtung auf Kundenbedürfnisse zum Tragen. Die optimale Ausgestaltung der Kundenbeziehungen hat heute höchste Priorität in allen Unternehmensbereichen.

Außerfachliche Kompetenzen sind gefragt

Hochschulabsolventen werden darum von der Unternehmensseite nur dann als Fach- und Führungsnachwuchs akzeptiert, wenn sie deutlich machen, dass sie sich in die Arbeitsorganisation des Unternehmens einpassen können und die Bedürfnisse des Marktes immer im Blick behalten. Um dies zu überprüfen, werden Assessment-Center eingesetzt.

Natürliches Verhalten erwünscht?

Hochschulabsolventen erhalten von Unternehmensvertretern oftmals den Tipp, sich im Assessment-Center »ganz natürlich« zu verhalten. Diese Empfehlung ist richtig, solange damit gemeint ist, im Assessment-Center keine Schauspielaufführung zu sehen. Wer eine Rolle vorspielt, die er im späteren Berufsalltag nicht ausfüllen kann, schadet letztlich nur seiner beruflichen Entwicklung.

Schauspielen schadet eher

Der Tipp, sich natürlich zu verhalten, hilft jedoch nicht weiter, um nachzuweisen, dass man den Anforderungen der Wunschposition gerecht wird. Wer in der Übung Kundengespräch auf die lautstark geäußerte Beschwerde eines unzufriedenen Kunden mit einer ebenso patzigen Antwort reagiert, kann ein gutes Ergebnis abschreiben. Natürliches Verhalten im Sinne von spontaner Reaktion oder instinktivem Verhalten bringt Sie im Assessment-Center nicht weiter.

Angemessene Handlungsstrategien bringen Sie weiter

Gefragt ist stattdessen ein situationsangemessenes Verhalten. Sie müssen zeigen, dass Sie Situationen, Aufgaben und Problemstellungen analysieren und deren spezielle Anforderungen erkennen können, um dann mit einer angemessenen Handlungsstrategie zu reagieren. Dieses hat jedoch nichts mit Schauspielerei zu tun. Es geht in erster Linie darum, deutlich zu machen, dass Sie über Methoden verfügen, mit denen Sie berufliche Aufgaben bewältigen können.

Für ein schwieriges Kundengespräch gilt also, dass Sie den Kunden zuerst seine Sichtweise darstellen lassen, ihn dann beschwichtigen und schließlich auf eine für beide Seiten tragbare Lösung hinarbeiten. Dabei helfen Ihnen sowohl die richtigen Gesprächstechniken als auch der gezielte Einsatz Ihrer Körpersprache.

Erweitern Sie Ihren methodischen Handlungsspielraum

Die natürlichen Reaktionen von Menschen auf Stresssituationen sind Flucht oder Angriff. Diese Verhaltensweisen sind aber sowohl im Berufsalltag als auch im Assessment-Center vollständig kontraproduktiv. Wenn Sie Ihre Mitbewerber verbal attackieren, zeigen Sie nur, dass Sie kein Teamplayer sind. Gehen Sie dagegen in Deckung, wenn man Sie mit Aufgaben konfrontiert, zeigen Sie, dass Sie beruflichen Herausforderungen nicht gewachsen sind.

Der Tipp, sich natürlich zu verhalten, ist für Ihre Vorbereitung nicht von Nutzen. Setzen Sie sich stattdessen mit den Erwartungen der Unternehmen auseinander und erweitern Sie im Vorfeld Ihren methodischen Handlungsspielraum, damit Sie im Ernstfall richtig reagieren können.

Arbeitsprobe Assessment-Center

Unternehmen versuchen, im Assessment-Center berufsnahe Situationen abzubilden. Wer beispielsweise ins Marketing einsteigen will, sollte sich auf Übungen einstellen, in denen die Kreativität, die Kommunikationsfähigkeit und das Präsentationsgeschick analysiert werden. Bei der Auswahl neuer Vertriebsmitarbeiter werden eher die Aspekte Belastbarkeit, Kundenorientierung und Verhandlungstechniken getestet. Das Assessment-Center erhält auf diese Weise den Charakter einer ersten Arbeitsprobe, in der sich die Kandidatinnen und Kandidaten bewähren müssen.

Assessment-Center bilden berufsnahe Situationen ab

Die meisten Hochschulabsolventen sehen in Assessment-Centern eine zusätzliche Belastung, die ihnen den Berufseinstieg schwerer machen soll. Dabei übersehen sie die Chance, sich mit einem souveränen Auftritt für berufliche Aufgaben zu empfehlen. Im Assessment-Center erhalten alle Kandidaten die gleichen Startchancen; die bisher erbrachten Leistungen innerhalb und außerhalb der Universität treten in den Hintergrund. Ob die Bewerber herausragende Noten mitbringen oder nicht, besonders zügig das Studium absolviert haben oder sich zwei Semester mehr Zeit gelassen haben, ob sie auf Auslandserfahrungen zurückgreifen können oder lediglich an einem Ort studiert haben – dies ist nicht mehr ausschlaggebend: Jetzt zählt auch die Persönlichkeit. Deshalb haben auch Kandidaten, die nicht den gängigen Klischees des High Potentials entsprechen, im Assessment-Center die Chance, auf sich aufmerksam zu machen.

Was zählt, ist die Persönlichkeit

Sie sollten sich intensiv auf die einzelnen Übungen vorbereiten. Dadurch gewinnen Sie nicht nur Sicherheit für das Assessment-Center. Gleichzeitig demonstrieren Sie Eigeninitiative und Flexibilität: Sie zeigen, dass Sie sich auf unbekannte Herausforderungen einstellen können. Das lässt Rückschlüsse auf Ihre Fähigkeit zu, die neuen beruflichen

Aufgaben zu bewältigen. Die Vorbereitung auf das Assessment-Center sollten Sie bereits als erste Arbeitsprobe verstehen, denn schließlich sehen es die Unternehmen genauso.

Wir helfen Ihnen beim Training

Nutzen Sie unsere langjährige Erfahrung für Ihren Erfolg. Wir machen Sie Schritt für Schritt mit den unterschiedlichen Anforderungen der einzelnen Übungen vertraut und stellen Ihnen Strategien vor, mit denen Sie die Aufgaben in den Griff bekommen. Beispiele zeigen Ihnen, wie Sie unsere Tipps und Techniken in die Praxis umsetzen können. Abgerundet wird Ihr Training durch zahlreiche Übungen, die Ihnen helfen, Ihr neues Wissen einzusetzen und adäquate Strategien zu erarbeiten.

Das Assessment-Center ist kein undurchschaubarer Hindernisparcours. Durch eine gute Vorbereitung lässt sich Ihre Aussicht auf Erfolg erheblich steigern. Wenn Sie mithilfe unseres Insiderwissens Ihre methodische Toolbox erweitert und verfeinert haben, werden Sie die Chancen, die Ihnen Assessment-Center bieten, für sich nutzen können.

1

Der Assessment-Center-Boom

Was ist ein Assessment-Center? Warum wird es bei der Auswahl von Hochschulabsolventen eingesetzt? Welche Unternehmen benutzen es? Diese Fragen wollen wir im folgenden Kapitel beantworten. Wir erläutern Ihnen, warum gerade dieses Auswahlverfahren seinen Siegeszug angetreten hat. Oft verbergen sich Assessment-Center auch hinter anderen Bezeichnungen. Damit Sie keine unangenehme Überraschung erleben, stellen wir Ihnen Variationen und die dazugehörigen Bezeichnungen vor.

Konkret sichtbares Verhalten im Mittelpunkt

Assessment-Center sind Gruppenauswahlverfahren zur Feststellung der beruflichen Eignung von Bewerberinnen und Bewerbern. Im Rahmen dieses Verfahrens führen mehrere Kandidaten über einen Zeitraum von ein bis zwei Tagen unterschiedliche Übungen durch, die von einem Pool von Beobachtern bewertet werden. Bei der Beurteilung geht es um das konkret sichtbare Verhalten der Kandidaten. Zuvor wurden Kriterien festgelegt, die für die ausgeschriebene Position unabdingbar sind. Anhand von Bewertungsbögen werden im Assessment-Center die Ausprägungen dieser Merkmale bei den einzelnen Kandidaten erfasst.

Der Siegeszug des Assessment-Centers

Die Methode selbst entstammt der Arbeits- und Organisationspsychologie. In den sechziger Jahren lieferten Psychologen Belege dafür, dass nicht nur die fachlichen Kenntnisse bei der erfolgreichen Bewältigung beruflicher Aufgaben wichtig sind. Besonders die Aufgaben von Führungskräften entfernen sich immer weiter von fachlichen Aspekten; hier tritt die Strukturierung von Arbeitsprozessen, die Mitarbeiterführung und -motivation sowie die Informationsauswertung und -vermittlung in den Vordergrund. Bei der Überprüfung dieser Führungsqualitäten erwiesen sich die gängigen Personalauswahlverfahren als nicht aussagekräftig genug. Um die außerfachlichen Kompetenzen überprüfen zu können, entwickelten Psychologen ein eignungsdiagnostisches Instrument: das Assessment-Center.

Veränderte Anforderungen erfordern neue Methoden

In den achtziger Jahren trat das Assessment-Center auch in Deutschland seinen bis heute anhaltenden Siegeszug an. Je intensiver die Diskussion über den Stellenwert der außerfachlichen Kompetenzen wurde, desto häufiger kamen Assessment-Center zur Potenzialbeurteilung zum Einsatz. Wurden zunächst nur Führungskräfte bei einzelnen Karriereschritten mit Assessment-Centern konfrontiert, so nutzte man das Verfahren bald auch für die Auswahl des Führungskräftenachwuchses. Hochschulabsolventen, die sich für Trainee-Programme bewarben, konnten sich sicher sein, ein Assessment-Center durchlaufen zu müssen.

Verantwortung und Entscheidungsbefugnisse nehmen zu

Flache Hierarchien, ausgeweitete Entscheidungskompetenzen und die stärkere Verzahnung einzelner Unternehmensbereiche ließen den Stellenwert der Soft Skills in allen Berufsfeldern steigen, sodass man dazu überging, auch andere akademisch ausgebildete Berufseinsteiger mithilfe von Assessment-Centern auszuwählen.

Heute müssen alle Hochschulabsolventen, die sich für Arbeitsfelder im Consulting, im Vertrieb, im Marketing, in der Aus- und Weiterbildung, in der Personalarbeit, in der Öffentlichkeitsarbeit oder für Managementaufgaben interessieren, mit einem Assessment-Center rechnen.

Verbreitung und Einsatz von Assessment-Centern

In der Personalauswahl setzen die Unternehmen verschiedene Methoden ein, um geeignete Hochschulabsolventen zu rekrutieren. Die Übersicht 1 gibt Ihnen einen Überblick über die Anwendung der gängigen und der eher seltenen Verfahren.

Übersicht 1

Bewerberauswahl

- Analyse der Bewerbungsunterlagen 95%
- Interviews und Vorstellungsgespräche
  - strukturiertes Interview mit der Personalabteilung 68%
  - unstrukturiertes Interview mit der Personalabteilung 28%
  - strukturiertes Interview mit der Fachabteilung 32%
  - unstrukturiertes Interview mit der Fachabteilung 40%
- Assessment-Center 40%
- Tests
  - Persönlichkeitstest 7%
  - Leistungstest 11%
  - Intelligenztest 8%
- Referenzen 11%
- grafologische Begutachtung 1%

Um festzustellen, wie groß das außerfachliche Potenzial von Bewerbern ist, setzen Unternehmen und öffentlicher Dienst bei der Personalauswahl neben den herkömmlichen Instrumenten immer häufiger Assessment-Center ein. Dabei benutzen sie jedoch nicht immer diesen Begriff. Oft verstecken sich Assessment-Center auch hinter anderen Bezeichnungen, beispielsweise:

Unterschiedliche Begriffe für ein Verfahren

- Potenzialanalyse
- Bewerberrunde mit individuellen Gesprächen und berufstypischen Übungen
- Gruppenauswahlverfahren
- Kontakttag
- Karriereworkshop
- Soft-Skill-Assessment
- Bewerberseminar

Allen diesen Auswahlverfahren ist gemeinsam, dass die Übungen aus dem in den sechziger Jahren entwickelten Assessment-Center die Basis bilden. Zwar wurden die Aufgabenstellungen im Laufe der Zeit modifiziert, die Aufgabentypen sind jedoch die gleichen geblieben. Auch setzen nicht alle Unternehmen sämtliche Übungen ein. Aus Kostengründen wird der von den Psychologen ursprünglich vorgesehene Zeitrahmen von zwei Tagen von vielen Unternehmen reduziert. Gerade bei Assessment-Centern, die für Hochschulabsolventen konzipiert wurden, sind eintägige Varianten üblich, es gibt sogar halbtägige Kurzversionen.

Verschiedene Versionen von Assessment-Centern

In Ihrer Vorbereitung sollten Sie sich dennoch nicht beschränken: Bereiten Sie sich auf alle typischen Übungen vor. Dann werden Sie Modifikationen nicht überraschen können.

Um Ihnen die Verbreitung und den Einsatz von Assessment-Centern nochmals deutlich vor Augen zu führen, haben wir in Übersicht 2 eine Liste von Unternehmen zusammengestellt, die Gruppenauswahlverfahren einsetzen. Dabei handelt es sich um Firmen, die generell auf dieses Verfahren im Rahmen von Personalentscheidungen zurückgreifen. Das heißt jedoch nicht, dass sie dies bei jeder Personalauswahl tun. Wann ein Assessment-Center eingesetzt wird, hängt von unterschiedlichen Faktoren ab: Handelt es sich um einen Direkteinstieg oder um ein Trainee-Programm? Sollen die Bewerber in ein Führungsnachwuchsprogramm integriert werden? Handelt es sich um eine Position mit umfangreichem Kundenkontakt? Bewerben sich genug Hochschulabsolventen, um ein Assessment-Center durchführen zu können?

Unternehmen, die Assessment-Center einsetzen

Übersicht 2

3 M	Bankhaus Reuschel	Citibank
	BASF	Claas
Aachener und	Bausparkasse	Commerzbank
Münchner	Schwäbisch-Hall	Conti-Gummi
Accenture	Bayer	Control-Data
Agfa-Gevaert	Bayerische Hypotheken-	CSC Ploenzke
Aldi-Gruppe	und Wechselbank	
Allianz Lebensver-	Bayerische Landesbank	DaimlerChrysler
sicherung	Bayerische Vereinsbank	Datev
Amann & Söhne	Barmer Ersatzkasse	Degussa
AOK – Allgemeine	Berliner Bank	Deutsche Aerospace
Ortskrankenkasse	Bertelsmann	Deutsche Babcock
Apetito-Düsterberg	Blaupunkt	Deutsche Post
Aral	BMW	Deutsche Rockwool
Asko/Massa-Gruppe	Boehringer Mannheim	Deutsche Shell
ASSTEL Versiche-	Bosch	Deutsche Sparkassen-
rungsgruppe	Hugo Boss	akademie
AUDI	Brose Fahrzeugteile	DG Bank
Auswärtiges Amt	Bull	Drägerwerk
Axa Colonia	Bundesanstalt für	Dresdner Bank
	Arbeit	
Bahlsen	Bundeswehr	E.on
Bank für Gemein-	Burda	Edeka Zentrale
wirtschaft		Effem

Elf Oil
Esso

Ferrero
Festo
Ford-Händler-
Organisation
Ford Werke

Gerling Konzern
Girmes
Gothaer Versiche-
rungsbank

Hamburg-Mannheimer
Versicherung
Hamburgische Landes-
bank
Haniel & Cie.
Heidelberger Versiche-
rung
Heilit & Woerner Bau
Henkel
Hertie

IBM Deutschland
Industrieanlagen Be-
triebsgesellschaft
Interspar Spar
Handels-AG

Johnson & Johnson
Jungheinrich

K & L Ruppert
Kaufhof
Kaufring
Keiper Recaro
KHD
Kienbaum Unterneh-
mensberatung
Klett
Klöckner & Co.
Knürr
Kölnische Rück-
versicherung
Körber
Kostal
Kreditinstitut für
Wiederaufbau

Landesbank Berlin
Landesbank
Schleswig-Holstein
Leonberger
Bausparkasse
Linde
Lufthansa

MAN
Mannheimer
Verkehrs-Aktien-
gesellschaft
Mannheimer
Versicherungen
Mannesmann
MC Marketing
Corporation
Melitta
Merck
Messer Griesheim
Metallgesellschaft
Metro International
Milchhof Eiskrem
MLP
Philip Morris
Mövenpick
Münchener Rück-
versicherung

Nattermann
NCR
Nord/LB
Nordstern

Dr. Oetker
Opel
Otto-Versand

Pepsi-Cola
Pfleiderer
Philips

Quelle

R + V Allgemeine
Versicherung
Raab Karcher
Rank Xerox
Reemtsma
Rewe-Handels-
gesellschaft
Rheinmetall
Ruhrgas
Ruhrkohle
RWE

Sandoz
Sanol Schwarz
SAP
Schering

Schlafhorst
Schwarz Pharma
Siemens
SKF
Sony
Sparkasse Bremen
Springer Verlag
Standard Elektrik Lorenz
Stinnes
Südzucker
Südwestdeutsche Landesbank
Telekom
Telenorma
Tengelmann Warenhandelsgesellschaft
Thyssen Krupp
Toepfer International
Touristik Union International
Tchibo

Unilever

Varta
Vereinigte Versicherungsgruppe
Vereinte Versicherungen
Verlagsgruppe Bauer
Versorgung und Verkehr Kiel
VGH Versicherungsgruppe Hannover
VIAG
Victoria Versicherung
Villeroy & Boch
Volksfürsorge Versicherung
Volkswagen

Westdeutsche Landesbank
Westdeutscher Rundfunk
Westfalenbank
William Prym-Werke
Wirtschaftsvereinigung Stahl

Zahnradfabrik Friedrichshafen

Das erwartet Sie

Über das Assessment-Center kursieren zahlreiche Gerüchte, Übertreibungen und Vereinfachungen. Dieses Auswahlverfahren emotionalisiert alle Beteiligten: Kritiker und Befürworter genauso wie Beobachter und Kandidaten. Die Berichte in den Medien sind oft sehr widersprüchlich und teilweise genauso emotional gefärbt wie Erlebnisberichte aus dem Bekanntenkreis. Sie werden es schwer haben, sich aus solchen Erzählungen ein genaues Bild über den Ablauf eines Assessment-Centers zu machen, das Ihnen eine gezielte Vorbereitung erlaubt.

Auch die Unternehmen werden Sie lange im Dunklen tappen lassen. Meist werden Sie nur eine allgemein formulierte

Einladung erhalten, in der Ihnen mitgeteilt wird, dass Sie sich bitte den ganzen Tag für das Unternehmen freihalten. Informationen über die Übungen, die Sie erwarten, über die Menge der teilnehmenden Kandidaten und über die Anzahl der zu vergebenden Positionen enthält die Einladung in der Regel nicht. Dies wird man Ihnen erst zu Anfang des Assessment-Centers mitteilen.

Einladungen zum Assessment-Center verraten nichts über den Ablauf

Die ursprüngliche Idee, die hinter den Übungen von Assessment-Centern stand, war, typische Aufgabenstellungen aus dem Berufsalltag zu simulieren. Deshalb werden Sie dort zumeist mit Situationen konfrontiert, die eine Nähe zu beruflichen Tätigkeiten haben. Spezialistenwissen ist jedoch nicht gefragt. Da für ein Assessment-Center in der Regel Absolventen unterschiedlicher Studiengänge eingeladen werden, versucht man die Aufgaben so allgemein auszugestalten, dass sie von allen Kandidaten bearbeitet werden können. In der folgenden Übersicht 3 haben wir für Sie die häufigsten Übungen, die Sie im Assessment-Center erwarten, zusammengestellt.

Übungen im Assessment-Center

Übersicht 3

- Selbstpräsentation
- Gruppendiskussionen
  - führerlos oder geführt
  - mit oder ohne Rollenvorgabe
- Interviews
- Rollenspiele
  - Mitarbeitergespräch
  - Kundengespräch
- Fallstudien

- Konstruktionsübungen
- Planspiele
- Vorträge
  - mündliche Themenpräsentation mit anschließender Diskussion
  - vorgegebenes oder selbst gewähltes Thema
- Postkorb
  - mit schriftlicher Ergebnispräsentation
  - mit mündlicher Ergebnispräsentation und Befragung
- Aufsätze
  - schriftliche Themenpräsentation
  - vorgegebenes oder selbst gewähltes Thema
- Tests
- Selbst- und Fremdeinschätzung

Die Übungen im Überblick

Wir stellen Ihnen jetzt im Überblick vor, was sich hinter den einzelnen Übungen verbirgt, welche Anforderungen überpüft werden sollen und was Sie bei der Durchführung beachten sollten. Zusätzlich stellen wir Ihnen Originalaufgaben aus Assessment-Centern vor. Im weiteren Verlauf unserer Ausführungen werden wir noch detaillierter auf die einzelnen Übungen eingehen, denen wir jeweils ein eigenes Kapitel gewidmet haben.

Selbstpräsentation: Die Selbstdarstellung steht üblicherweise am Anfang. Ihre Aufgabe ist es, sich den anderen Kandidaten und den Beobachtern vorzustellen. Mit einer aussagekräftigen Selbstpräsentation können Sie sich einen entscheidenden Vorsprung erarbeiten, indem Sie durch Ihr individuelles Profil Ihre Eignung für die ausgeschriebene Stellung deutlich machen. So sammeln Sie bei den Beobachtern entscheidende Sympathiepunkte, die positiv auf Ihre Bewertung in den anderen Übungen ausstrahlen werden.

Gruppendiskussionen: Die Gruppendiskussion ist ein zentraler Bestandteil des Assessment-Centers. Die Beobachter erleben die Kandidaten in dieser Übung im direkten Vergleich. Meist wird den Kandidaten ein Thema und ein fester Zeitraum vorgegeben, an dessen Ende ein Ergebnis erwartet wird.

Gruppendiskussionen erlauben den direkten Vergleich

Wenn alle Teilnehmer gleichberechtigt diskutieren, handelt es sich um eine führerlose Gruppendiskussion. Übernehmen ausgesuchte Kandidaten abwechselnd die Leitung, liegt eine geführte Diskussion vor. Bei Debatten mit Rollenvorgaben werden den Teilnehmern unterschiedliche Positionen zugewiesen. Zumeist sollen Sie fiktive Personen verkörpern, über deren berufliche Stellung, wesentliche Charaktereigenschaften sowie Meinungen und Aussichten sie zuvor informiert wurden.

Interviews: Üblicherweise erhalten Sie eine Einladung zum Assessment-Center erst dann, wenn Sie ein Vorstellungsgespräch erfolgreich absolviert haben. Manche Unternehmen legen diese beiden Schritte der Bewerberauswahl jedoch zusammen und integrieren Vorstellungsgespräche in das Assessment-Center.

Rollenspiele: In Rollenspielen wird Ihnen eine fiktive Identität zugewiesen und Sie müssen am Berufsalltag orientierte Gesprächssituationen bewältigen. Allen Gesprächen ist gemeinsam, dass Sie auf ein vordergründiges technisches oder logistisches Problem stoßen, hinter dem sich jedoch immer auch eine Schwierigkeit im zwischenmenschlichen Bereich versteckt. Geht es beispielsweise zunächst um eine nicht eingehaltene Lie-

Gesprächssituationen im Berufsalltag

ferfrist, über die sich ein Kunde beschwert, werden schnell persönliche Animositäten zwischen dem Außendienstmitarbeiter und der Auftragsbearbeiterin deutlich. Rollenspiele lassen sich grob unterteilen in Mitarbeitergespräche (Vorgesetzer und Mitarbeiter) und Kundengespräche (Unternehmensrepräsentant und Kunde). Sie nehmen die Rolle des Vorgesetzten beziehungsweise des Repräsentanten ein, während Ihr Gesprächspartner üblicherweise vom Moderator gespielt wird.

Mitarbeiter- und Kundengespräche

Fallstudien, Planspiele und Konstruktionsübungen: Bei Fallstudien bearbeiten Sie zusammen mit anderen Teilnehmern ein vorgegebenes Szenario. Im Vordergrund steht die Abstimmung im Team und die Erarbeitung eines gemeinsamen Lösungsweges. Mehrere Lösungsmöglichkeiten sind denkbar.

Auch im Planspiel müssen Sie ein vorgegebenes Szenario im Team bewältigen. In Abgrenzung zur Fallstudie werden im Planspiel jedoch quantitative Größen vorgegeben (Mengen, Preise, Abschreibungsraten, Kreditzinsen), und es kann nur eine optimale Lösung geben.

Bei Konstruktionsübungen basteln Sie in der Gruppe aus bestimmten Materialien ein Objekt. Hierbei müssen vorgegebene Kriterien berücksichtigt und umgesetzt werden.

Stellen Sie Ihre rhetorischen Fähigkeiten unter Beweis

Vorträge und Themenpräsentationen: Im zukünftigen Berufsalltag müssen Sie Ergebnisse präsentieren, über Vorgänge im Unternehmen informieren und Kollegen und Mitarbeiter für neue Aufgaben begeistern können. Im Assessment-Center werden deshalb Ihre rhetorischen Fähigkeiten von den Beobachtern in der Übung Vortrag und Themenpräsentation bewertet.

Postkorb: Beim Postkorb haben Sie eine bestimmte Anzahl von Schriftstücken zu bearbeiten. Es handelt sich dabei um Aufzeichnungen betrieblicher Vorgänge, Entscheidungsvorlagen und private Notizen. Am ehesten lässt sich diese Übung mit »Ablage durchsehen und bearbeiten« beschreiben. Sie müssen Ihre Entscheidungen schriftlich darlegen und später im Gespräch begründen können. Das Zeitlimit für die Bearbeitung ist so gewählt, dass alle Kandidaten in Zeitnot geraten.

Aufsätze: Aufsätze werden im Assessment-Center vorwiegend dazu eingesetzt, um Bewerber zu beschäftigen, während mit anderen Kandidaten Übungen durchgeführt werden. Man möchte die Teilnehmer dauernd unter Druck setzen. Die ständige Beschäftigung soll Erholungspausen einzelner Teilnehmer vermeiden, damit die Ergebnisse aller Teilnehmer vergleichbar bleiben. Obwohl Aufsätze nur als Lückenfüller dienen, sollten Sie auch hier Ihr Bestes geben.

Permanent Druck als Prüffaktor

Tests: Tests werden ebenfalls hauptsächlich eingesetzt, um den Druck aufrechtzuerhalten. Mit der knappen Zeitvorgabe soll zusätzlich der Stressfaktor erhöht werden. Die Aussagekraft von Tests ist jedoch gering. Bei der Auswertung wird hauptsächlich darauf geachtet, ob die Testergebnisse in einem Widerspruch zu den Beurteilungen stehen, die durch die direkte Beobachtung erzielt wurden.

Selbst- und Fremdeinschätzung: Bei der Selbst- und Fremdeinschätzung müssen Sie Ihre Leistungen im Assessment-Center in Bezug zu den Leistungen der anderen Kandidaten setzen. Dazu werden Sie am Ende aufgefordert, eine Rangliste der Kandidaten zu erstellen. Zusätzlich kann man Sie auch auffordern, die Leistungen der Teilnehmer in den einzelnen Übungen zu bewerten.

Neben den offiziellen Übungen werden Ihnen immer auch verdeckte Übungen begegnen, beispielsweise in den Pausen. Diese »heimlichen« Übungen spielen in Assessment-Centern eine nicht zu vernachlässigende Rolle. Sie müssen sich bewusst ma-

Achten Sie auf »heimliche« Übungen

chen, dass Sie während der gesamten Druchführung, selbst in den »Pausen« unter Beobachtung stehen. Auch dazu haben wir für Sie Tipps und Hinweise in einem eigenen Kapitel aufbereitet.

Die Aufgabenstellungen der einzelnen Übungen werden Ihnen von einem Moderator erläutert. Zusätzlich bekommen Sie zumeist schriftliche Unterlagen ausgehändigt. Die zur Verfügung stehende Vorbereitungszeit wird genau festgelegt. Das Gleiche gilt für die anschließende Dauer der eigentlichen Übungsdurchführung. Den Zeitrahmen müssen Sie auf jeden Fall einhalten.

Bewährung unter Zeitdruck

Um Ihre Flexibilität zu testen, wird der Zeitrahmen gelegentlich während einer Übung verändert. Beispielsweise werden Ihnen 30 Minuten für eine Gruppendiskussion eingeräumt. Nach zehn Minuten wird jedoch der gesamten Gruppe mitgeteilt, dass der Zeitrahmen auf 20 Minuten reduziert wird, Ihnen damit nur noch zehn Minuten zur Ergebnisfindung bleiben. Man will mit dieser Maßnahme testen, ob Sie sich schnell auf neue Situationen einstellen können oder ob der erhöhte Zeitdruck Stress bei Ihnen auslöst.

Das optimale Auswahlverfahren?

Ein Instrument der Personalentwicklung

Das Assessment-Center ist in deutschen Unternehmen ursprünglich als Instrument der Personalentwicklung eingeführt worden. Das heißt, die Unternehmen wollten in den Assessment-Centern analysieren, wo die beruflichen Stärken und Schwächen ihrer Führungskräfte lagen. Nach der Analyse wurden dann Schulungs- und Trainingsprogramme speziell auf die getestete Führungskraft zugeschnitten. Kandidaten, die an einem solchen Assessment-Center teilnahmen, hatten zumeist eine ungefähre Vorstellung davon, welches Verhalten man von ihnen erwartete.

Anders verhält es sich natürlich, wenn dieses Verfahren zur *Personalauswahl* eingesetzt wird. Die Schwierigkeit für Hochschulabsolventen ohne größere Berufserfahrung besteht darin, dass sie als Teilnehmer eines Assessment-Centers relativ ahnungslos sind, welches Verhalten von ihnen erwartet wird. Kritische Stimmen fordern daher, vor jeder Übung den Kandidaten Informationen darüber zu geben, nach welchen Kriterien diese Übung ausgewertet wird. Dies findet in der Praxis jedoch nicht statt.

Welches Verhalten wird erwartet?

Ein generelles Problem aller Assessment-Center für Hochschulabsolventen besteht darin, dass die einzelnen Übungen oft zu wenig Bezug zur ausgeschriebenen Position haben. Um Kosten zu sparen, wird gern auf standardisierte Verfahren zurückgegriffen, und der Zeitraum wird reduziert. Durch den Einsatz eintägiger vorgeformter Assessment-Center lassen sich sowohl die Entwicklungskosten einsparen als auch die Kosten senken, die durch die Ausfallzeiten der Beobachter und durch Übernachtung der Teilnehmer und der Beobachter entstehen. Ein maßgeschneidertes zweitägiges Assessment-Center kostet ein Unternehmen immerhin zwischen 100 000 und 150 000 Mark (50 000 bis 75 000 Euro), eine eintägige Sparversion ist schon mit 25 000 Mark (12 500 Euro) realisierbar.

Eintägige Assessment-Center

Eintägige Assessment-Center sind jedoch nicht unumstritten. Die objektive Beurteilung der beruflichen Eignung der Kandidaten ist an einem einzigen Tag nicht zu leisten. Kritiker monieren, dass in den Kurzversionen nur das Kommunikationsverhalten beobachtet und bewertet wird und differenzierte Beobachtungskriterien aus dem Blickfeld geraten. Dies begünstige extrovertierte Vielredner. Wenn außerdem die Übungen nur wenig mit der zukünftigen Berufstätigkeit zu tun haben, wird nicht derjenige Kandidat eingestellt, der die Anforderungen des späteren Arbeitsplatzes am besten erfüllt, sondern derjenige, der sich am besten in Szene setzt.

Trotz aller Kritik hat das Assessment-Center seine Berechtigung als Instrument der Personalauswahl. Es ermöglicht als einziges Auswahlverfahren, Hochschulabsolventen in berufsnahen Situationen in Aktion zu erleben. Da mehrere Beobachter an der Bewertung der Kandidaten beteiligt sind, kann ein breiter Konsens in der Einstellungsentscheidung erreicht werden. Wir halten das Assessment-Center für ein gutes Auswahlverfahren, wenn es seriös und auf die zu besetzende Position zugeschnitten eingesetzt wird.

Eine gezielte Vorbereitung ist unabdingbar

Das Assessment-Center ist eine besondere Testsituation, auf die Sie sich genauso wie auf Prüfungen in der Hochschule vorbereiten müssen. Deshalb sollten Sie gezielt alle Übungen trainieren. Viele Unternehmen setzen sogar voraus, dass Sie sich mit den speziellen Anforderungen eines Assessment-Centers vertraut gemacht haben. Personalverantwortliche schütteln zu Recht den Kopf, wenn Hochschulabsolventen ohne gründliche Vorbereitung ins Assessment-Center gehen. Dieses Verhalten lässt auf einen sorglosen Umgang auch mit sonstigen beruflichen Anforderungen schließen.

Wie für alle Personalauswahlverfahren gilt auch für das Assessment-Center die Regel: »Bewerberauswahl ist keine Bewerberberatung.« Daher geben Ihnen die meisten Unternehmen keine Rückmeldung darüber, welchen Eindruck Sie hinterlassen haben und welche Übungen Sie besonders gut oder schlecht absolviert haben. Eine Antwort auf die Sie am brennendsten interessierende Frage »Einstellung oder Absage?« erhalten Sie in den meisten Fällen erst einige Zeit nach dem Assessment-Center.

Intensives Feedback ist die Ausnahme

Dass es beim Punkt Rückmeldung auch anders geht, zeigen die wenigen Unternehmen, die sich am Ende des Assessment-Centers mit Ihnen zusammensetzen und Ihnen ein intensives Feedback geben. Hierbei werden Ihre Stärken und Schwächen in Bezug auf ein konkretes Anforderungsprofil erörtert und Ihnen auch Möglichkeiten eingeräumt, Stellung zu Ihrem Verhalten zu geben.

Im Großen und Ganzen müssen Sie sich aber darauf einstellen, dass Sie keine Rückmeldung erhalten. Wenn Sie bereits ein Assessment-Center durchlaufen haben, ist dies dahrer keine ausreichende Vorbereitung aus das nächste. Um die Herausforderung Assessment-Center zu meistern, sollten Sie sich intensiv damit auseinander setzen, welche Übungen Sie erwarten und wie Sie diese am überzeugendsten bewältigen.

Auf einen Blick

Der Assessment-Center-Boom

Im Blick

- Assessment-Center sind Gruppenauswahlverfahren, mit denen die außerfachlichen Kompetenzen, die so genannten Soft Skills, der Teilnehmer überprüft werden sollen.
- Der Bewertungsmaßstab ist das sichtbare Verhalten der Teilnehmer.
- Assessment-Center ergänzen die üblichen Verfahren der Personalauswahl und werden bei der Auswahl von Hochschulabsolventen häufig eingesetzt.
- Gruppenauswahlverfahren verstecken sich oft auch hinter anderen Bezeichnungen wie beispielsweise Potenzialanalyse oder Bewerbertag.
- Die Übungen sind üblicherweise so allgemein gehalten, dass sie von Absolventen unterschiedlicher Studiengänge gelöst werden können.
- In Assessment-Centern können Ihnen die folgenden Übungen begegnen:
  - Selbstpräsentation
  - Gruppendiskussionen
  - Interviews
  - Rollenspiele
  - Fallstudien
  - Konstruktionsübungen
  - Planspiele
  - Vorträge
  - Postkorb
  - Aufsätze
  - Tests
  - Selbst- und Fremdeinschätzung
- Neben den offiziellen Übungen gibt es auch heimliche Übungen, beispielsweise während der Pausen.
- Sie stehen während der gesamten Durchführung von Anfang bis Ende unter Beobachtung.

2

Gefragte Kompetenzen: das erwarten Unternehmen

Allein der Nachweis von Fachwissen genügt Unternehmen nicht mehr. Neben fachlichen Kenntnissen wird von Berufseinsteigern auch soziale und methodische Kompetenz gefordert. Setzen Sie sich mit den Erwartungen der Unternehmen an ihre Mitarbeiter auseinander. Dadurch können Sie nachvollziehen, warum Unternehmen Assessment-Center zur Personalauswahl einsetzen.

Entwicklungen in Unternehmen

Kommunikation und Koordination bekommen mehr Relevanz

Erfolgreiche Unternehmen befinden sich in permanenter Entwicklung. Insbesondere in den letzten Jahren haben sich die Firmenstrukturen grundlegend verändert. Die Kommunikations- und Entscheidungswege sind durchlässiger geworden, und die Verantwortungs- und Handlungsspielräume der einzelnen Mitarbeiter wurden deutlich erweitert. Diese größeren Entscheidungsbefugnisse bringen für den Einzelnen jedoch auch höhere Anforderungen mit sich. Wer entscheiden will, muss Informationen aufnehmen, strukturieren und weitergeben können. Fach- und Führungskräfte müssen bei ihrem Handeln das Verhalten ihrer Kollegen, das Potenzial ihrer Mitarbeiter und die Vorgaben der Unternehmensleitung berücksichtigen. Kommunikation und Koordination sind wesentliche Elemente des Führungsalltags.

Reines Fachwissen reicht nicht mehr aus, um Führungs- und Projektverantwortung zu übernehmen. Daher wird bereits

Unternehmen lassen sich immer wieder neue, verblüffende Strategien einfallen, um High Potentials für sich zu gewinnen

bei den Berufseinsteigern verstärkt auf personenbezogene Eigenschaften wie Kommunikations-, Team-, Belastungsfähigkeit, Durchsetzungskraft, analytisches Denken, Initiative und Flexibilität geachtet.

Projektarbeit und Teamarbeit sind feste Bestandteile der Arbeitsorganisation

Projektarbeit ist mittlerweile ein fester Bestandteil der Arbeitsorganisation von Unternehmen. Die abteilungsinterne Teamarbeit wurde durch die abteilungsübergreifende Projektarbeit ergänzt; das heißt, für eine zeitlich begrenzte Aufgabenstellung arbeiten Experten aus ganz unterschiedlichen Unternehmensbereichen zusammen. Beispielsweise werden neue Handys in Teams entwickelt, in denen Entwicklungs- und Fertigungsingenieure, Einkaufs-, Vertriebs- und Marketingspezialisten und Logistik- und Controllingfachleute ihre unterschiedlichen Ziele innerhalb einer gemeinsamen Aufgabenstellung zeitgleich erreichen müssen.

Dabei ist für die einzelnen Projektteilnehmer wichtig, die eigenen Ziele zu verfolgen und trotzdem die gemeinsame Aufgabenstellung nicht aus den Augen zu verlieren. Der Rückzug auf die eigene fachliche Autorität hilft bei Konferenzen mit Vertretern aus anderen Fachdisziplinen nicht weiter. Es gilt, die Argumente der Kollegen anderer Fachbereiche nachzuvollziehen und eigene Argumente zielgruppenorientiert aufzubereiten. Ohne kommunikative Fähigkeiten und ergebnisorientiertes Handeln gelingt dies nicht.

Kommunikative Fähigkeiten sind wichtig

Außerdem haben die Unternehmen unter dem Schlagwort der Kundenorientierung den Kunden neu entdeckt. Wer im Service, Vertrieb oder Marketing erfolgreich arbeiten will, muss in der Lage sein, Bedürfnisse von (potenziellen) Kunden zu erkennen. Jeder, der im Wettbewerb mit seinen Angeboten bestehen möchte, muss rechtzeitig feststellen, was Kunden verlangen, welche Trends sich durchsetzen und wie sich Kundenwünsche verändert haben. In diesen Aufgabenfeldern sind personenbezogene Kompetenzen wie die Fähigkeit, Probleme zu lösen, Einfühlungsvermögen und Belastungsfähigkeit unverzichtbar.

Diese Veränderungen in Unternehmen und Wettbewerb zeigen, dass neben dem Fachwissen noch andere Faktoren eine Rolle spielen, um berufliche Aufgaben bewältigen zu können. Neben der fachlichen wird die soziale und methodische Kompetenz der Mitarbeiter immer wichtiger. Da die Gesamtheit der drei Kompetenzbereiche für den beruflichen Erfolg entscheidend ist, suchen Unternehmen nach Möglichkeiten, sich ein umfassendes Bild vom Bewerber zu machen. Das Assessment-Center ist ein geeignetes Verfahren, um die soziale und methodische Kompetenz von Hochschulabsolventen festzustellen.

Soziale und methodische Kompetenz gefordert

Im Folgenden wollen wir Ihnen die fachliche, soziale und methodische Kompetenz im Einzelnen erläutern.

Die Dreiteilung der beruflichen Kompetenz

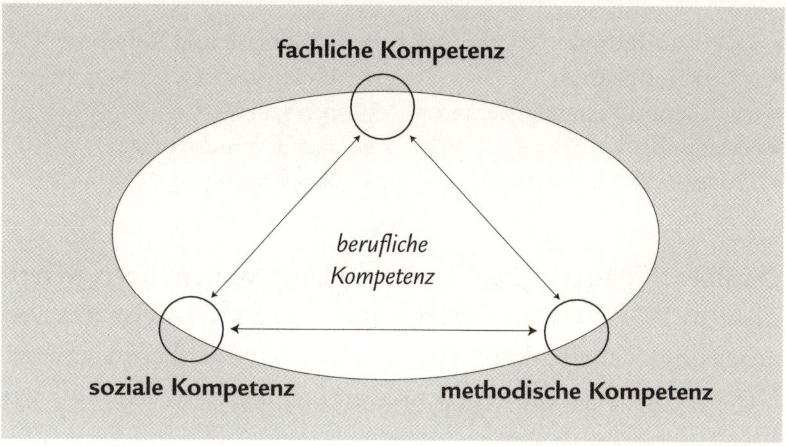

Abbildung 1

Fachliche Kompetenz

Fachlich kompetent sind Sie, wenn Sie über Wissen verfügen, das Sie zum Experten in Ihrem Spezialgebiet macht. Grundlage Ihres Wissens sind die Kenntnisse aus Ihrem Studium. Sie sind die Basis, auf der Sie berufliche Aufgabenstellungen meistern werden. Ihre fachliche Kompetenz ist deshalb für die Unternehmen unverzichtbar.

Fachliche Kompetenz

Beispiele

Die fachliche Kompetenz einer Diplom-Kauffrau mit dem Schwerpunkt Marketing lässt sich durch ihr Wissen in folgenden Bereichen darstellen:

- Marktforschung
- strategisches Marketing
- internationales Marketing
- Werbepsychologie
- Konsumentenverhalten
- Direktmarketing

Ingenieure mit dem Schwerpunkt Konstruktion dokumentieren ihre fachliche Kompetenz durch ihr Wissen in den Bereichen

Beispiel 2

- Werkstoffkunde
- Werkstoffprüfung
- Statik und Festigkeitslehre
- Maschinenelemente
- technische Wärmelehre
- Kinematik und Kinetik
- Elektrotechnik für Maschinenbauer
- rechnerunterstützte Konstruktion/CAD

Darüber hinaus sollten Hochschulabsolventen über Kenntnisse in PC-Anwendungsprogrammen, beispielsweise Textverarbeitung, Tabellenkalkulation oder Datenbanken, verfügen. Diese Kenntnisse zählen ebenso zur fachlichen Kompetenz wie Ihre Sprachkenntnisse.

Mit einer Einladung zum Assessment-Center ist Ihre fachliche Kompetenz für die Einstiegsposition in aller Regel unbestritten. Dass aber fachliche Kompetenz alleine nicht ausreicht, ist bereits deutlich geworden. Ein Beispiel: Sie möchten sich einen neuen Computer zulegen und fragen Experten aus Ihrem Bekanntenkreis um Rat. Häufig müssen Sie dann einen Schwall von Fach- und Fremdwörtern ertragen, sich technische Details und Feinheiten in aller Ausführlichkeit anhören und die Vorstellung der neuesten technologischen Entwicklungen mit allen möglichen Vor- und Nachteilen über sich ergehen lassen. Sie bekommen zwar viele Insiderinformationen, verstehen aber die Konsequenzen für Ihren Computerkauf nicht. Sie wissen nach der Information immer noch nicht, welchen Computer Sie sich anschaffen sollen. Sie sind dann froh, wenn der Experte nach seinem Monolog endlich auf die Uhr schaut und feststellt, dass er dringend weiter muss.

Ihre fachliche Kompetenz ist mit der Einladung anerkannt

Ihr Experte hat das gemacht, was Unternehmen bei Mitarbeitern am meisten fürchten: Nicht Sie als fragender Kunde standen im Mittelpunkt seiner Ausführungen, sondern sein Bedürfnis, sich fachlich zu profilieren. Sonst hätte der Experte nach Ihren Anwendungswünschen gefragt, beispielsweise:

»Wollen Sie Ihren neuen Rechner mehr für Textverarbeitung oder mehr für CAD einsetzen?«, »Ist ein Rechner, ein Monitor oder ein Drucker bereits vorhanden?«, »Welches Betriebssystem und welche Anwendungssoftware haben Sie?«, »Wollen Sie auf neue Programme wechseln?«

Die Fähigkeiten, auf andere einzugehen, spezielle Wünsche hinsichtlich zukünftiger Anwendungen gemeinsam zu klären und dann entsprechende Kaufempfehlungen zu geben, sind bei dem geschilderten Experten nicht sehr ausgeprägt. In Begriffen der sozialen Kompetenz ausgedrückt fehlen ihm Einfühlungsvermögen, Kommunikationsfähigkeit, Verkaufsgeschick und Kundenorientierung.

Die Fähigkeit, auf andere einzugehen

Soziale Kompetenz

Die Eigenschaften, die man zur sozialen Kompetenz zählt, dürften Ihnen in vielfältiger Form bereits begegnet sein: Teamfähigkeit, Durchsetzungsfähigkeit, Kommunikationsfähigkeit, Belastbarkeit, Kreativität, Zielstrebigkeit, Kontaktfreudigkeit, Eigeninitiative, Selbstbewusstsein, analytisches Denkvermögen, Kritikfähigkeit, Engagement, Flexibilität, Begeisterungsfähigkeit, Verantwortungs-, Leistungs- oder Entscheidungsbereitschaft. Diese Begriffe sind ein fester Bestandteil der Anforderungsprofile von Unternehmen. Alle Angaben aus dem Bereich der sozialen Kompetenz zielen auf gewünschte Eigenschaften, die zukünftige Mitarbeiter mitbringen sollten.

Soziale Kompetenz beweisen Sie im menschlichen Miteinander

Allgemein gesagt beschreibt soziale Kompetenz im menschlichen Miteinander das Ausmaß, in dem der Mensch fähig ist, im privaten, beruflichen und gesamtgesellschaftlichen Kontext selbstständig, umsichtig und nutzbringend zu handeln. Dabei ist die soziale Kompetenz ein Merkmal der Persönlichkeit, das sowohl von der individuellen Tagesform wie auch von der jeweiligen Situation beeinflusst wird. Daraus ergeben sich folgende Erwartungen an einen sozial kompetenten Mitarbeiter:

- Er erkennt die Anforderungen, die die soziale Situation an ihn stellt.
- Er kann seine Möglichkeiten und seine Grenzen in dieser speziellen Situation einschätzen.
- Er vermag eigene Ziele sowie Gruppenziele zu entwickeln.
- Er ist in der Lage, situations- und zielangemessen zu handeln.
- Er ist fähig, über einen Prozess zu reflektieren.

Im Arbeitsalltag sozial kompetent handeln

Diese Anforderungen sind Ihnen wahrscheinlich schon in Ihren Praktika begegnet. Auch in Ihrem zukünftigen Arbeitsalltag werden diese Erwartungen eine wichtige Rolle spielen: Bei der Lösung von Aufgaben werden Sie entscheiden müssen, ob Ihr Wissen zur Problemlösung ausreicht oder ob Sie einen Spezialisten hinzuziehen sollen. Als Führungskraft werden Sie Zielvorgaben entwickeln und dafür sorgen müssen, dass die einzelnen Arbeitsergebnisse zu einem Gesamtergebnis zusammengefasst werden können. Bei Schwierigkeiten in Ihrem Team müssen Sie die Ursachen herausfinden und dafür sorgen, dass Arbeitsabläufe in Zukunft reibungslos gestaltet werden können. Sie werden mit Vorgaben von der Geschäftsleitung konfrontiert werden und diese in Ihrem Arbeitsbereich umsetzen müssen. Bei großen Arbeitsbelastungen wird Ihre Fähigkeit gefragt sein, die Mitarbeiter zu motivieren und zu besonderem Einsatz anzuspornen.

Wunschbild Sozialkompetenz

Bei der Überprüfung der sozialen Kompetenz ergibt sich jedoch eine Schwierigkeit: Wir nennen dies das Problem der sozialen Erwünschtheit. Die meisten Menschen beschreiben nicht sich selbst, sondern ein ihrer Meinung nach erwünschtes allgemeines Verhaltensprofil. Jeder Bewerber schreibt sich Eigenschaften aus dem Komplex soziale Kompetenz zu, weil er weiß, dass dieses Wunschbild allgemein vorherrscht. Dies führt dazu, dass sowohl in Anschreiben und Einstellungsgesprächen als auch in den Vorstellungsrunden im Assessment-Center Floskeln benutzt werden wie: »Ich bin dynamisch, flexibel und kreativ und freue mich auf die Mitarbeit in Ihrem jungen Team«, »Meine Flexibilität und meine Kreativität möchte ich für Sie einsetzen« oder auch »Besonders hervorzuheben ist meine Kommunikations- und Motivationsfähigkeit und meine schnelle Auffassungsgabe«.

Vermeiden Sie abstrakte Worthülsen

Solche Formulierungen sind abstrakte Worthülsen, die ohne konkrete Belege sinnlos sind. Hier schließt sich der Kreis zum Assessment-Center: Dort kann überprüft werden, was hinter diesen Worthülsen wirklich steckt. So wird die soziale Kompetenz der Hochschulabsolventen nicht aufgrund ihrer eigenen Angaben, sondern durch konkret beobachtbares Verhalten festgestellt.

Methodische Kompetenz

Ihre methodische Kompetenz ist immer dann gefragt, wenn es um die Anwendung Ihres Fachwissens geht. Methodische Kompetenz lässt sich auch als Transferfähigkeit, als Theorie-Praxis-Kompetenz oder als Anwendungsfertigkeit umschreiben. Begrifflich können Sie den Bereich der methodischen Kompetenz mit seinen verschiedenen Ausprägungen an dem Zusatz »-techniken« erkennen: Gesprächstechniken, Verhandlungstechniken, Fragetechniken, Problemlösungstechniken, Konfliktvermeidungstechniken, Kreativitätstechniken, Lerntechniken, Präsentationstechniken und Moderationstechniken zählen zur Methodenkompetenz.

Die Anwendung von Fachwissen

Alle Hochschulabsolventen verfügen über einen Grundstock an derartigen Kenntnissen, er ist ihnen nur nicht unter diesen Begriffen präsent. Viele dieser Techniken haben Sie bereits in der Schule, in der Hochschule, in Praktika, in Werkstudententätigkeiten, als wissenschschaftliche Hilfskraft, in Aushilfsjobs oder in Studenteninitiativen eingesetzt. Im Laufe Ihres beruflichen Fortkommens werden diese Techniken in Weiterbildungen und Seminaren ausgebaut und vertieft werden. Die Unternehmen möchten jedoch bereits bei der Einstellung von Hochschulabsolventen sicher sein, dass diese um die Bedeutung von methodischer Kompetenz wissen und über eine ausbaufähige Basis an Anwendungsfertigkeiten verfügen.

Grundkenntnisse in methodischer Kompetenz hat jeder Absolvent

Für Ihre gesamte Bewerbungsphase ist es daher enorm wichtig, dass Sie eine Vorstellung von der Wichtigkeit der methodischen Kompetenz haben und konkrete Beispiele aus Ihrem bisherigen Werdegang anführen können, um sie zu belegen.

Beispiel

Erfahrungen aus dem Praktikum

Wenn Sie ein Praktikum in einer Multimediaagentur absolviert und dort am Projekt »Internetmarketing für den Einzelhandel« mitgearbeitet haben, dann werden Sie an Konferenzen teilgenommen, Präsentationen vorbereitet und Kundengespräche miterlebt haben. Somit haben Sie sich im Rahmen Ihres Praktikums mit Moderationstechniken, Präsentationstechniken, Gesprächstechniken und Techniken der Verhandlungsführung vertraut gemacht.

Für Ihre Vorbereitung auf Assessment-Center ist es zunächst wichtig zu wissen, dass methodische Kompetenz in Ihrem zukünftigen Berufsalltag einen enormen Stellenwert haben wird. Auch im Assessment-Center selbst ist Ihre methodische Kompetenz gefragt, da Sie Ihnen dabei hilft, die Übungen zu bewältigen. Wir werden Ihnen im Verlauf unserer Ausführungen für sämtliche Aufgaben zeigen, wie Sie Ihre methodische Kompetenz Gewinn bringend einsetzen.

Auf einen Blick

Gefragte Kompetenzen: das erwarten Unternehmen

- Reines Fachwissen allein reicht nicht mehr, um den Ansprüchen moderner Berufsfelder gerecht zu werden. Die Unternehmen erwarten von Ihnen eine umfassende berufliche Qualifikation, die aus fachlicher, sozialer und methodischer Kompetenz besteht.
- Fachliche Kompetenz ist das fachliche Wissen, über das Sie verfügen.
- Soziale Kompetenz ist die Fähigkeit, mit Kollegen und Mitarbeitern Ziele zu definieren und gemeinsam zu erreichen.
- Methodische Kompetenz ist die Fähigkeit, Wissen konkret umzusetzen.
- Wenn Sie eine Einladung für ein Assessment-Center erhalten, brauchen Sie Ihre fachliche Kompetenz nicht mehr zu beweisen. Hier wird Ihre soziale und methodische Kompetenz durch verschiedene Übungen überprüft und bewertet.

3

Subjektive Faktoren der Bewertung

Die Entscheidungsträger, die Sie im Assessment-Center beobachten und bewerten, sind nicht frei von persönlichen Vorlieben. Vor dem Assessment-Center werden die Beobachter auf ihre Aufgabe vorbereitet und mit den Beurteilungskriterien vertraut gemacht. Trotzdem spielen in die Bewertung von Kandidaten immer auch subjektive Faktoren hinein. Hinzu kommen allgemeine Wahrnehmungs- und Bewertungsfehler, die die Ergebnisse beeinflussen.

Eine Gruppe von Experten entscheidet

Bedeutend für den Einsatz von Assessment-Centern zur Personalauswahl war der Grundgedanke, dass die Entscheidung über die Einstellung nicht mehr von Einzelpersonen, sondern von einer Gruppe geleistet werden sollte. Diese sollte sowohl aus Personalexperten als auch aus Fachleuten in Führungspositionen bestehen.

Die Zusammensetzung der Beobachterkonferenz

Auch heute finden Sie in der Beobachterkonferenz eines typischen Assessment-Centers mit acht bis zwölf Kandidaten vier bis sechs Beobachter aus den Fachabteilungen des Unternehmens. Diese Fachvorgesetzten sind üblicherweise ein bis zwei Hierarchiestufen über Ihrer Eingangsposition angesiedelt. Wenn Sie sich beispielsweise für eine Einstiegsposition bewerben, können Sie damit rechnen, dass Ihre Beobachter die Position eines Abteilungs- oder Bereichsleiters einnehmen.

Diese Beobachter- oder auch Assessorenkonferenz wird durch die Moderatoren ergänzt. Als Moderatoren fungieren Psychologen, Personalverantwortliche oder Personalberater. Wenn das Unternehmen selbst das Assessment-Center ausrichtet, wird entweder die Personalabteilung oder die Personalentwicklung mit dem Ablauf betraut. Dann übernehmen Personalexperten aus dem Unternehmen die Moderatorenrolle. Manche Unternehmen vergeben die Durchführung von Assessment-Centern auch an Personal- oder Unternehmensberatungen. In diesem Fall wird ein externer Psychologe oder Berater als Moderator fungieren.

Die Moderatoren im Assessment-Center

Bei den Moderatoren liegt die organisatorische Leitung und die inhaltliche Ausgestaltung der einzelnen Übungen. In der Regel sind die Moderatoren auch für die vorherige Schulung der Beobachterkonferenz zuständig. Allerdings ist hier wegen der anderweitigen Verpflichtungen der Führungskräfte aus dem Unternehmen die Zeit eher knapp gehalten, sodass die Schulung in manchen Fällen eher ein Schnellkurs in Sachen »Woran erkenne ich den Bewerber mit außerordentlichem Führungs- und Leistungspotenzial?« ist.

Den Beobachtern wird erläutert, was in den einzelnen Übungen geprüft werden soll. Besonderes Augenmerk wird bei der Schulung immer auf die Auswertung der Körpersprache der Kandidaten gelegt. Dies führt allerdings oft zu Vereinfachungen: In einigen Beobachterschulungen wird verkündet, dass Teilnehmer an einer Gruppendiskussion, die ihre Arme vor der Brust verschränken, nicht bereit sind, sich den anderen Gesprächspartnern zu öffnen und zuzuhören. Weiter wird vermittelt, dass der weiche Händedruck bei der Begrüßung mit mangelndem Tatendrang und fehlendem Selbstbewusstsein gleichzusetzen sei oder das Wippen auf den Fußspitzen während des Vortrags auf Arroganz des Kandidaten deute. Dies

Auch die Beobachter werden geschult

sind natürlich Klischees und keine fundierten Erkenntnisse. Aber Sie müssen damit rechnen, dass sich die Beobachter sehr stark auf die vermeintlichen Aussagen bestimmter Gesten und Körperhaltungen stützen.

In der Praxis führt eine kurze und schlechte Vorbereitung der Beobachter zu Bewertungen und Entscheidungen, die nicht mehr dem ursprünglichen Ziel entsprechen. Es wird dann nicht mehr derjenige Teilnehmer ausgewählt, der den späteren Berufsalltag am besten bewältigen kann, sondern derjenige, der am besten die Vorurteile der Beobachter für sich nutzen kann. Die differenzierte Bewertung und der präzise Abgleich der Anforderungen der ausgeschriebenen Position mit der Qualifikation der Teilnehmer tritt in den Hintergrund. Es wird mehr der allgemeine Eindruck von Kandidaten erfasst.

Objektive Bewerberauswahl ist schwierig

Zur Verteidigung der Beobachter muss gesagt werden, dass es schwer ist, eine wirklich objektive Bewerberauswahl zu treffen. Auch Personalexperten, die täglich mit Bewerberinnen und Bewerbern zu tun haben, unterliegen bei ihren Entscheidungen subjektiven Eindrücken. Schließlich sind die üblichen Verfahren der Personalauswahl – Unterlagensichtung und Vorstellungsgespräche –, obwohl sie von Spezialisten durchgeführt werden, weniger aussagekräftig als Assessment-Center.

Gerade bei der Überprüfung der sozialen und methodischen Kompetenz spielen subjektive Einschätzungen eine große Rolle. Mit der Aufgabe, das Verhalten von Teilnehmern eines Assessment-Centers differenziert auszuwerten, sind die Beobachter oftmals überfordert. Entscheidungen müssen dennoch getroffen werden! Wenn zur Entscheidungsfindung nicht ausreichend rationale Argumente zur Verfügung stehen, werden alle Beobachter auf persönliche Erfahrungen und individuelle Vorlieben zurückgreifen.

Allgemeine Wahrnehmungs- und Bewertungsfehler

Damit Sie sich einmal in die Rolle des Beobachters hineinversetzen können, haben wir Ihnen in den Abbildungen 2 und 3 Beobachtungsbögen zusammengestellt, wie sie in Assessment-Center benutzt werden.

Beobachtungs- und Bewertungsbogen für Assessment-Center

	Selbst-präsentation	Gruppen-diskussion	Mitarbeiter-gespräch
Sachverhaltsanalyse		1 - 2 - 3 - 4 - 5	
Überzeugungsfähigkeit	1 - 2 - 3 - 4 - 5	1 - 2 - 3 - 4 - 5	1 - 2 - 3 - 4 - 5
Begeisterungsfähigkeit		1 - 2 - 3 - 4 - 5	
Selbstwahrnehmung	1 - 2 - 3 - 4 - 5	1 - 2 - 3 - 4 - 5	1 - 2 - 3 - 4 - 5
Kreativität	1 - 2 - 3 - 4 - 5		
sprachliches Ausdrucksvermögen	1 - 2 - 3 - 4 - 5	1 - 2 - 3 - 4 - 5	1 - 2 - 3 - 4 - 5
Stressresistenz	1 - 2 - 3 - 4 - 5	1 - 2 - 3 - 4 - 5	1 - 2 - 3 - 4 - 5
Medieneinsatz	1 - 2 - 3 - 4 - 5		
Führungskompetenz		1 - 2 - 3 - 4 - 5	1 - 2 - 3 - 4 - 5
Initiative		1 - 2 - 3 - 4 - 5	1 - 2 - 3 - 4 - 5
Ausdauer		1 - 2 - 3 - 4 - 5	1 - 2 - 3 - 4 - 5
Realitätssinn		1 - 2 - 3 - 4 - 5	1 - 2 - 3 - 4 - 5
Extraversion	1 - 2 - 3 - 4 - 5		
Einfühlungsvermögen		1 - 2 - 3 - 4 - 5	1 - 2 - 3 - 4 - 5
Flexibilität		1 - 2 - 3 - 4 - 5	

Abbildung 2

Sie finden in unseren Beobachtungsbögen in den Zeilen die Übungen und in den Spalten die einzelnen Merkmale, die beobachtet und bewertet werden sollen. Die Bewertung 1 bedeutet, dass die Ausprägung des Merkmals beim Teilnehmer sehr stark ist, 5 bedeutet, dass das Merkmal beim Teilnehmer völlig

Abbildung 3

	Kunden-gespräch	Vortrag/ Präsentation	Konstruktions-übung
Sachverhaltsanalyse	1 - 2 - 3 - 4 - 5	1 - 2 - 3 - 4 - 5	1 - 2 - 3 - 4 - 5
Überzeugungsfähigkeit	1 - 2 - 3 - 4 - 5		
Begeisterungsfähigkeit	1 - 2 - 3 - 4 - 5	1 - 2 - 3 - 4 - 5	
Selbstwahrnehmung	1 - 2 - 3 - 4 - 5	1 - 2 - 3 - 4 - 5	
Kreativität	1 - 2 - 3 - 4 - 5	1 - 2 - 3 - 4 - 5	1 - 2 - 3 - 4 - 5
sprachliches Ausdrucksvermögen	1 - 2 - 3 - 4 - 5	1 - 2 - 3 - 4 - 5	1 - 2 - 3 - 4 - 5
Stressresistenz	1 - 2 - 3 - 4 - 5	1 - 2 - 3 - 4 - 5	1 - 2 - 3 - 4 - 5
Medieneinsatz		1 - 2 - 3 - 4 - 5	
Führungskompetenz			
Initiative	1 - 2 - 3 - 4 - 5		1 - 2 - 3 - 4 - 5
Ausdauer	1 - 2 - 3 - 4 - 5		1 - 2 - 3 - 4 - 5
Realitätssinn	1 - 2 - 3 - 4 - 5	1 - 2 - 3 - 4 - 5	
Extraversion		1 - 2 - 3 - 4 - 5	
Einfühlungsvermögen	1 - 2 - 3 - 4 - 5		
Flexibilität	1 - 2 - 3 - 4 - 5		1 - 2 - 3 - 4 - 5

ungenügend ausgeprägt ist. Die Werte 2, 3 und 4 sind für die entsprechenden Abstufungen vorgesehen.

Sie wissen wahrscheinlich aus eigener Erfahrung, dass die objektive Bewertung des Verhaltens von Menschen eine schwierige Aufgabe ist. Machen Sie einen Beobachtungstest: Schauen Sie sich einmal eine Diskussion im Fernsehen an und versuchen Sie, die zwölf Beobachtungsdimensionen der Übung »Gruppendiskussion« für jeden der Diskutierenden sauber getrennt zu bewerten. Schnell werden Sie feststellen, dass dies nur schwer möglich ist und Sie eher auf einen allgemeinen Eindruck zurückgreifen werden. Das heißt, Sie werden nach der Diskussion sagen können, wer am überzeugendsten war, jedoch nicht die Punktwerte der einzelnen Beobachtungskriterien aufschlüsseln können.

Bewertungsschwierigkeiten

Leider geht es zumeist auch den Beobachtern im Assessment-Center so: Ihr Gesamteindruck eines Kandidaten verdrängt die Unterteilung in Beobachtungsdimensionen. Der Gesamteindruck wiederum wird von mehreren Faktoren beeinflusst, die wir Ihnen im Folgenden vorstellen werden. Diese führen zu Wahrnehmungs- und Bewertungsfehlern der Beobachter in der Bewertung der Kandidaten:

Der Gesamteindruck entscheidet

- Sympathie- oder Antipathie-Effekte
- Halo-Effekte
- Simultan-Effekte
- Tendenz-zur-Mitte-Effekte
- Normalverteilungsfehler

Diese allgemeinen Wahrnehmungs- und Bewertungsfehler (die Sie nicht nur in Assessment-Centern vorfinden werden) werden Sie zusammen mit unseren Hinweisen zur Vorbereitung zu Ihrem Vorteil nutzen und damit das Ergebnis beeinflussen. Setzen Sie gezielt die Kommunikations- und Präsentationstechniken ein, die wir Ihnen für die einzelnen Übungen vorstellen. Zunächst erläutern wir Ihnen, welche Bewertungsfehler auftreten können und wie sie die Meinung der Beobachter beeinflussen.

Sympathie- oder Antipathie-Effekte

Entscheidend für Sympathie- oder Antipathie-Effekte ist unser innerer Maßstab für Zuneigung oder Abneigung. Wenn wir jemanden sympathisch finden, ordnen wir alle seine Verhaltensweisen positiv besetzten Bereichen zu. Ist uns jemand unsympathisch, übersehen wir schnell seine positiven Seiten. Diesen Sympathie- oder Antipathie-Effekten unterliegen wir alle tagtäglich.

Eine rein objektive Beurteilung fällt schwer

Beispiel

Reden ist Silber

Wir alle kennen Menschen, die viel reden. Wenn wir den Vielredner mögen, dann bezeichnen wir ihn als unterhaltsam, fantasievoll, gesprächig und aufgeschlossen. Ist er uns aber unsympathisch, dann bezeichnen wir ihn als geschwätzig, als Plaudertasche, als Zeitdieb und als Tratschmaul.

Sympathie-Effekte spielen auch im Assessment-Center eine große Rolle. Wenn Sie sich erst einmal die Akzeptanz der Beobachter erarbeitet haben und Ihnen Sympathie entgegengebracht wird, können Sie damit rechnen, wohlwollender beurteilt zu werden. Daher spielt Ihre Selbstpräsentation zu Beginn des Assessment-Centers eine entscheidende Rolle für die weitere Beurteilung Ihrer Leistungen.

Wer sich am Anfang als interessanter Kandidat darstellt, der gut ins neue Unternehmen passen würde, umgibt sich mit einer Aura der Zugehörigkeit, die bei den Beobachtern Sympathie erweckt. Dieser Bonus wird in den folgenden Übungen nachwirken. Beispielsweise wird Kandidaten, die sich in der Selbstpräsentation als leistungsorientierte und erfolgreiche Persönlichkeiten dargestellt haben, in der Gruppendiskussion eher die Rolle des kompetenten Moderators zugesprochen als Kandidaten, die sich wenig aussagekräftig dargestellt oder womöglich selbst abqualifiziert haben.

Von Anfang an punkten

Antipathie-Effekte lösen Hochschulabsolventen beispielsweise aus, wenn sie die Beobachter an schwierige Mitarbeiter und Kollegen erinnern. Auch wenn der vorgegebene Zeitrahmen der Übungen ständig überzogen wird, ergebnislos diskutiert wird, Mitarbeitergespräche zu autoritär oder zu therapeutisch gestaltet werden, stellt sich bei den Beobachtern schnell die Erinnerung an problematische Situationen in ihrem beruflichen Alltag ein. Sobald sich die Beobachter jedoch auf die Wahrnehmung »Kandidat wird Konflikte verursachen« eingestellt haben, sind diese Bewerber aus dem Rennen.

Arbeiten Sie deshalb schon im Vorfeld des Assessment-Centers auf Sympathie-Effekte bei den Beobachtern hin. Ein souveräner Auftritt in den einzelnen Übungen bringt Ihnen das Wohlwollen der Beurteilenden. Die Voraussetzung dafür ist, dass Sie wissen, worum es in den Übungen geht, damit Sie sich entsprechend verhalten können.

Halo-Effekte

Halo-Effekte gehören zum gängigen Fehlerrepertoire in psychologischen Untersuchungen. Halo-Effekte entstehen dadurch, dass ein besonders auffälliges Merkmal andere Eigenschaften wie ein »Heiligenschein« überstrahlt und damit die Meinung des Beobachters hinsichtlich der anderen Eigenschaften positiv beeinflusst.

Heiligenschein

Beispiel

Wenn ein Mensch eine herausragende gesellschaftliche Position bekleidet, beispielsweise als Oberarzt in einer Klinik oder als Professorin an einer Universität, wird man ihm auch Kompetenz auf Gebieten außerhalb seines Tätigkeitsbereiches zubilligen. Er erscheint dann ohne weitere Überprüfung nicht nur als guter Arzt oder Wissenschaftler, sondern auch als guter Redner, besondere Vertrauensperson oder Führungspersönlichkeit.

Körpersprache überzeugend einsetzen

Besonders über die Körpersprache kann man im Assessment-Center einen starken Halo-Effekt erzielen. Wer souverän auftritt und seine Körpersprache im Griff hat, kann die Bewertung in den anderen Beobachtungsdimensionen stark beeinflussen. Wer beispielsweise in der Übung Vortrag sicher auftritt, bekommt gleichzeitig gute Bewertungen in den Bereichen Stressresistenz und Überzeugungsfähigkeit.

Wer sich klar ausdrücken kann und seine Argumente gut strukturiert, kann auch über sein Kommunikationsverhalten für ihn günstige Halo-Effekte erzielen. Ein gut aufgebautes Kundengespräch lässt die Beobachter Stärken hinsichtlich Flexibilität, Einfühlungsvermögen und Ausdauer vermuten.

Simultan-Effekte

Ein Blick auf die Beobachtungsdimensionen der Übung Gruppendiskussion in unseren Beobachtungsbögen (Abbildungen 2 und 3) zeigt Ihnen, dass dort je zwölf Eigenschaften jedes Teilnehmers zu beobachten und zu bewerten sind. Das menschliche Gehirn stößt jedoch bei derartig komplexen Aufgaben, die simultan bewältigt werden sollen, an seine Grenzen. Mehr als fünf Eigenschaften kann ein normaler Beobachter nicht gleichzeitig wahrnehmen. Die differenzierte Erfassung komplexer Wirklichkeit auf einen Blick ist Wunschdenken.

Die Konsequenz für das Assessment-Center ist, dass die Beobachter bewusst oder unbewusst einzelne Merkmale zu Blöcken zusammenfassen. Beispielsweise werden bei den zwölf genannten Merkmalen zur Übung Gruppendiskussion stillschweigend drei Blöcke mit je vier Merkmalen gebildet. Für jeden Block wird dann eine übergeordnete Dimension gebildet, die Leitcharakter für die zugeordneten Dimensionen hat. So würde man beispielsweise als Metadimension Durchsetzungsfähigkeit wählen, die Leitcharakter für die einzeln aufgeführten Beobachtungskriterien Führungskompetenz, Initiative, Ausdauer und Flexibilität hätte.

Beobachtungskriterien werden zusammengefasst

Bei einer derartigen Blockbildung mit selbst gewählten Metadimensionen der Beobachter fallen die geschilderten Sympathie- oder Antipathie-Effekte und die Halo-Effekte stark ins Gewicht. Die von den Beobachtern aus pragmatischen Erwägungen heraus subjektiv festgelegten Metadimensionen entwickeln eine Eigendynamik. So wird das Argument, dass Assessment-Center eine detaillierte und analytische Betrachtung der Kandidatinnen und Kandidaten ermöglichen, durch Simultan-Effekte fast ins Gegenteil verkehrt. Die differenzierte Meinungsbildung wird dadurch stark eingeschränkt. Dies können Sie jedoch wiederum durch Sympathie- und Halo-Effekte zu Ihrem Vorteil nutzen.

Differenzierte Meinungsbildung wird eingeschränkt

Tendenz-zur-Mitte-Effekte

Ob wir den Geschmack von neuen Kartoffelchips, einen neuen Kinofilm oder die neue Freundin unseres besten Freundes einschätzen sollen: Immer dann, wenn wir uns unserer Meinung nicht ganz sicher sind, wählen wir einen mittleren Wert. Dieses Bewertungsverhalten hat für uns einen großen Vorteil: Findet unser soziales Umfeld den neuen Kinofilm, die neuen Kartoffelchips oder die neue Freundin hervorragend, können wir uns dieser Meinung anschließen, ohne das Gesicht zu verlieren. Ist das Gegenteil der Fall, signalisiert unser soziales Umfeld Ablehnung, können wir auch dieser Gruppenmeinung ohne größere Begründungen zustimmen.

Psychologen und Sozialwissenschaftler kennen dieses Phänomen als Tendenz-zur-Mitte-Effekt. Wenn auf einer Skala von 1 bis 5 menschliches Verhalten bewertet werden soll, wird sehr häufig der Mittelwert 3 gewählt. Auch wenn eigentlich Unterschiede hätten deutlich werden müssen.

Besondere Bewertungen sind begründungsbedürftig

In der Personalarbeit ist diese Tendenz auch in Arbeitszeugnissen ersichtlich. Überdurchschnittliche oder unterdurchschnittliche Bewertungen der Arbeitsleistung von Mitarbeitern müssen besonders begründet werden. Der Rückzug auf durchschnittliche Bewertungen hilft dabei, eigene Einschätzungen nicht begründen zu müssen und die eigene Meinung unter Umständen ohne Gesichtsverlust ändern zu können.

Vermeiden Sie das unauffällige Mitschwimmen

Diese Vorteile des Tendenz-zur-Mitte-Effektes nutzen auch die Beobachter im Assessment-Center. Wenn Kandidaten keine besonderen Leistungen bringen, pendelt die Einschätzung der Leistung meistens um den Mittelwert. Dann ergeben sich in der abschließenden Auswertung der Beobachtungsbögen oft Aussagen wie: »Er ist 3,2 flexibel«, »Sie hat 2,8 als Wert für Teamfähigkeit« oder »Die Führungsqualitäten liegen bei 2,6«.

Vermeiden Sie daher, im Assessment-Center einfach unauffällig »mitzuschwimmen«. Im Endergebnis könnte Ihnen als 2,9-Kandidat dann eine 2,8-Kandidatin vorgezogen werden, ohne dass es besondere Unterschiede in ihrer Leistung gegeben hätte. Sie müssen sich im Assessment-Center positiv in Szene setzen. Wenn Sie das besondere Augenmerk der Beobachter erlangen, werden deren Bewertungen eher zum Positiven tendieren. Nutzen Sie die Möglichkeit, sich mit der richtigen Vorbereitung von den anderen Teilnehmern abzuheben.

Normalverteilungsfehler

Eine Hand voll Genies an der Spitze, wenige Unbegabte am unteren Ende der Skala und der größte Teil der Menschheit mit durchschnittlichen Leistungen im Mittelfeld angesiedelt: Die Rede ist von der Normalverteilung der Intelligenz.

Die Gaußsche Normalverteilung

Die mangelhafte Auseinandersetzung mit den empirischen Methoden der Sozialforschung, die die Basis für Auswahlverfahren wie das Assessment-Center bilden, hat dazu geführt, dass Beobachter die so genannte Gaußsche Normalverteilung in jeder Teilnehmergruppe eines Assessment-Centers nachzuweisen versuchen. Auf die Teilnehmergruppe übertragen würde dies bedeuten: Sind zwölf Kandidaten eingeladen, so werden ein bis zwei hervorragende, ein bis zwei völlig ungeeignete und acht bis zehn Kandidaten mit mittlerem Qualifikationsprofil von den Beobachtern ermittelt.

Dass die Normalverteilung laut seriöser Sozialforschung erst bei repräsentativen Gruppengrößen von 1000 und mehr Personen greift, stört die Beobachter nicht. Auch der Einwand, dass die Normalverteilung, wenn überhaupt, bei der Ausprägung des Intelligenzquotienten (IQ) und nicht bei der Erfassung des Emotionalen Quotienten (EQ = soziale und methodische Kompetenz), der in seinen verschiedenen Ausprägungen im Assessment-Center erfasst wird, eine Rolle spielt, hat manche Beobachter noch nicht erreicht.

Die Normalverteilung der Intelligenz

Vereinfachende, sich selbst erfüllende Prophezeiungen der Auswahlexperten über die normalverteilte Ausprägung sozialer und methodischer Kompetenzen bei den Assessment-Center-Kandidaten ersetzen dann ein Urteil, dessen Kriterien nachvollziehbar und überprüfbar sind.

Typologie der Beobachter

Neben den vorgenannten Effekten, die die Bewertung durch die Beobachter beeinflussen können, sollten Sie noch die Charakteristika einzelner Beobachtertypen beachten. Sicherlich ist jeder Beobachter wie auch jeder Kandidat auf seine Weise einzigartig. Dennoch lässt sich eine grobe Typologie der Beobachter erstellen, da bestimmte Typen in jedem Assessment-Center auftreten:

- der Testgläubige
- der Hierarchiegefangene
- der Menschenkenner
- der Unabhängige

Das erwartet Sie

Unsere Typologie der Beobachter ist holzschnittartig und dadurch vereinfachend. Es gibt natürlich zahlreiche Schattierungen zwischen den einzelnen Typen. Aber dennoch sollten Sie diese Charakteristika – auch wenn sie grob stilisiert sind – berücksichtigen.

Der Testgläubige

Der testgläubige Beobachter folgt in seinen Wertungen des Teilnehmerverhaltens den Vorgaben der Moderatoren, weil er diese psychologisch geschulten Personalexperten als höchste Instanz in Sachen Menschenkenntnis akzeptiert.

Orientierung am Vorgegebenen

Dieser Beobachtertypus hat sich zumeist wenig mit der Leistungsfähigkeit psychologischer Testverfahren beschäftigt. Auch eine eigenständige Auseinandersetzung mit dem Assessment-Center hat dieser Typ bisher nicht geleistet. Er orientiert sich an dem, was ihm vorgegeben wird.

Wenn dem Testgläubigen von Psychologen Overheadfolien mit bunten Verlaufskurven über die Vorhersagegenauigkeit von Assessment-Centern präsentiert werden, so akzeptiert er dies genauso unkritisch wie vor 40 Jahren den Rorschach-Test (Deutung von Tintenklecksen), vor 30 Jahren die grafologische Analyse (Handschriftendeutung), vor 25 Jahren Intelligenz- und Persönlichkeitstests und vor 20 Jahren die rein fachliche Bewerberauswahl aufgrund von Noten.

Die Übernahme fremder Bewertungsmaßstäbe

Die unkritische und unreflektierte Übernahme von fremden Beurteilungsmaßstäben hat für den Testgläubigen den Vorteil, dass er sich im Krisenfall, also immer dann, wenn der ausgewählte Kandidat doch nicht oder nicht mehr den Vorstellungen des Unternehmens entspricht, auf den Standpunkt zurückziehen kann, dass »die anderen schuld sind«. Die anderen sind die Personalexperten und die Psychologen. Um sich selbst nicht angreifbar zu machen, orientiert er sich an deren Urteilen.

Der Hierarchiegefangene

Beobachter, die der firmeninternen Hierarchie viel Bedeutung beimessen, verkehren den ursprünglichen Sinn des Assessment-Centers ins Gegenteil. Als einer der Pluspunkte des Assessment-Centers wird von seinen Verfechtern angeführt, dass Personalentscheidungen nicht mehr von Einzelnen, sondern von einer Gruppe von gleichberechtigten Entscheidern getroffen werden.

Der hierarchiegefangene Beobachter hat diese Idee von der gleichberechtigten Meinung in der Beobachterkonferenz schon umzusetzen versucht. Dabei hat er bei seinen Kollegen mit den eigenen Vorstellungen über den idealen Kandidaten dermaßen Schiffbruch erlitten, dass er nun immer erst abwartet, wie sich seine Kollegen entscheiden. Dann schließt er sich der Gruppenmeinung über die Auswahl des neuen Mitarbeiters für das Unternehmen an.

Dieser Beobachter weiß, dass er, um im Unternehmen den Aufstieg zu schaffen, in ferner Zukunft selbst das interne Assessment-Center zur Personalentwicklung absolvieren muss. Er versucht, durch vorauseilende Anpassungsleistungen schon jetzt Pluspunkte zu sammeln. Er würde deshalb niemals dem Urteil des Experten aus der Personalentwicklung oder der Personalberatung widersprechen. Beim Ausfüllen seiner Beobachtungsbögen versteckt er sich gerne hinter der Gruppenmeinung. Er achtet mehr auf das, was die anderen ankreuzen, als auf das Verhalten der Kandidaten.

Vermeidung von Konfrontation

Im Assessment-Center halten sich hierarchieorientierte Beobachter an die Meinungsführer in der Beobachterkonferenz: den Menschenkenner und den Unabhängigen. Insbesondere werden sie es dann tun, wenn diese auch in der betrieblichen Hierarchie über ihnen stehen.

Der Menschenkenner

Der Menschenkenner hält überhaupt nichts von dem »Psychozauber«, der im Assessment-Center veranstaltet wird. Er macht zwar gute Miene zum bösen Spiel, lässt sich als Beobachter aus dem Tagesgeschäft seiner Abteilung abkommandieren und nimmt an den Vorbereitungsveranstaltungen für die Beobachter teil. Aber er lässt sich bei seiner Meinungsbildung über geeignete Kandidatinnen und Kandidaten für das Unternehmen von dem »Psychologen-Schnickschnack« nicht beeinflussen.

Der Hintergrund für die Ablehnung psychologischer Auswahlverfahren durch den Menschenkenner ist dessen gespaltene Sicht der Berufswelt. Er unterscheidet zwischen der beruflichen Praxis einerseits und der theorielastigen Ferne der Fort- und Weiterbildung andererseits. Personalexperten, Trainer, Weiterbildungsreferenten und Psychologen sind für den Menschenkenner lästige Zeitgenossen, die befriedet werden müssen, damit sie nicht bei der Erreichung der eigenen beruflichen Ziele stören.

Traditionelle Werte im Vordergrund

Statt widersprüchlicher psychologischer Verfahren stehen bei dem praxisorienten und theoriekritischen Menschenkenner traditionelle Werte wie Leistung, Fleiß, Ausdauer und Belastungsfähigkeit hoch im Kurs – und die beurteilt er selbst.

Wenn Sie im Assessment-Center Ihre eigenen Kenntnisse und Fähigkeiten so darstellen, dass das leistungsorientierte Menschenbild und die Wertvorstellungen des Menschenkenners angesprochen werden, dann sammeln Sie viele Pluspunkte. Dieser Beobachter bildet sich sein Urteil über geeignete Bewerber außerdem sehr schnell, er ist damit sehr anfällig für Sympathie- oder Antipathie-Effekte.

Er tritt in den Pausen in Aktion

Der Menschenkenner tritt auch oft in den Pausen zwischen den Übungen oder beim gemeinsamen Mittagessen in Aktion. Er geht dann auf die für ihn interessanten Kandidatinnen und Kandidaten zu, um mit ihnen Gespräche zu führen, in denen er beispielsweise nach Hobbys, bisherigen Erfolgen und den zukünftigen Karriereplänen fragt.

Aber Vorsicht: Lassen Sie sich nicht von ihm aufs Glatteis führen. Stellen Sie Ihre Leistungsbereitschaft in den Vordergrund und machen Sie deutlich, dass die zukünftige Berufstätigkeit höchste Priorität hat. Erzählen Sie diesem Beobachter, welchen hohen Stellenwert beruflicher Erfolg für Ihre allgemeine Zufriedenheit hat. Beachten Sie dazu auch unsere Hinweise in dem Kapitel »Heimliche Übungen«. Dort erklären wir Ihnen, wie Sie sich zwischen den einzelnen Übungen präsentieren sollten.

Der Unabhängige

Der Unabhängige ist der ideale Beobachter, den sich Kandidaten und Unternehmen gleichermaßen bei der Durchführung von Assessment-Centern wünschen. Er hat sich mit den Vor- und Nachteilen dieses Auswahlverfahrens auseinander gesetzt und sich eine eigene Meinung gebildet.

Er kennt die Grenzen des Personalauswahlverfahrens

Dieser Typ Beobachter lässt sich nicht von seiner Macht im Auswahlverfahren blenden, sondern versucht, in den verschiedenen Übungen detailliert die Argumente herauszuarbeiten, die für oder gegen einen Kandidaten sprechen. Kennzeichnend für den Typ des unabhängigen Beobachters ist sein reflektiertes Wissen über die Möglichkeiten und Grenzen von Personalauswahlverfahren. Er weiß insbesondere, dass neben dem Abschneiden im Assessment-Center noch andere Faktoren darüber entscheiden, wie die zukünftige Karriereentwicklung der neuen Mitarbeiter verläuft. Zu diesen Faktoren, die auf die berufliche Entwicklung neuer Mitarbeiterinnen und neuer Mitarbeiter Einfluss nehmen, gehören für ihn

- die richtige Auswahl der Mentoren und Ansprechpartner während der Einarbeitungszeit der neuen Mitarbeiter,
- die Erfahrung, dass gezieltes Feedback eine große Bedeutung für die weitere Leistungsbereitschaft hat,
- die Auswirkungen, die sich aus Veränderungen in der Arbeitsorganisation ergeben (Organisationsentwicklung),

- die Entwicklung des gesamtwirtschaftlichen Umfeldes (Konjunktur),
- das Wissen um den Einfluss, den Veränderungen im Privatbereich auf die berufliche Leistungsfähigkeit von Mitarbeitern haben.

Der Unabhängige sieht das Assessment-Center daher als eine Art Blitzlicht, das die augenblickliche Leistungsfähigkeit der Kandidatinnen und Kandidaten wiedergibt. Das positive oder negative Abschneiden in einer einzelnen Übung registriert der Unabhängige zwar aufmerksam, dennoch bekommt jede Teilnehmerin und jeder Teilnehmer im Verlauf der verschiedenen Übungen immer noch eine zweite Chance. Er berücksichtigt auch immer die Tagesform, indem er die bisherige Entwicklung, so wie sie aus den schriftlichen Unterlagen deutlich wird, in sein endgültiges Urteil mit einbezieht.

Maßstab ist die eigene Meinung

Der unabhängige Beobachter bildet sich seine eigenen Bewertungskriterien. Die vorgefertigten Beobachtungsdimensionen unterzieht er einer eigenen Gewichtung, deren Maßstab seine eigene Meinung ist. Er entwickelt die Kriterien nach seinen eigenen differenzierten Vorstellungen weiter.

Der Unabhängige nimmt mit seiner Position eine Vermittlerrolle zwischen dem Testgläubigen, dem Hierarchiegefangenen, dem Moderator auf der einen Seite und dem Menschenkenner auf der anderen ein. Er bemüht sich um ein aus seiner Sicht gerechtes Ergebnis.

Auf einen Blick

Subjektive Faktoren der Bewertung

- Die Beobachterkonferenz des Assessment-Centers wird aus Fachvorgesetzten zusammengestellt, die üblicherweise ein bis zwei Hierarchiestufen über der zu vergebenden Position angesiedelt sind.
- Die Beobachter werden vor dem Assessment-Center von Personalexperten mit den Bewertungskriterien vertraut gemacht.
- Die differenzierte Einschätzung des Verhaltens von Kandidaten ist schwierig. Der Gesamteindruck verdrängt oft die einzelnen Beobachtungsdimensionen.
- Beobachter greifen häufig auf subjektive Vorlieben und persönliche Erfahrungen bei der Einschätzung von Kandidaten zurück.
- Die Urteile der Beobachter unterliegen Problemen bei der Wahrnehmung und Bewertung:
  - Sympathie- oder Antipathie-Effekte
  - Halo-Effekte
  - Simultan-Effekte
  - Tendenz-zur-Mitte-Effekte
  - Normalverteilungsfehler
- Die Vorlieben der Beobachter lassen sich in folgende Beobachtertypen zusammenfassen:
  - den Testgläubigen
  - den Hierarchiegefangenen
  - den Menschenkenner
  - den Unabhängigen
- Die Vorlieben der Beobachter können Sie genauso wie die Wahrnehmungs- und Bewertungsfehler zu Ihrem Vorteil nutzen.

4

Beispielhafte Abläufe von Assessment-Centern für Hochschulabsolventen

In diesem Kapitel können Sie sich einen Überblick über den Ablauf verschiedener Assessment-Center verschaffen. Damit Sie sich ein Bild von der Durchführung machen können, lernen Sie vier Assessment-Center verschiedener Unternehmen für Hochschulabsolventen kennen.

Darauf müssen Sie sich einstellen

Wir haben die folgenden Assessment-Center als Überblick für Sie ausgewählt, weil der Ablauf und die Auswahl der Übungen Sie damit vertraut machen, was Hochschulabsolventen üblicherweise erwartet. Besonders wichtig sind uns in diesem Zusammenhang die Rückmeldungen von Teilnehmern, die wir im Vorfeld beraten und trainiert haben. Die Hochschulabsolventen bestätigten uns, dass sie sich durch die intensive Auseinandersetzung und Vorbereitung erhebliche Vorteile erarbeitet hätten. Unsere Einschätzungen über typische Beobachter und Möglichkeiten, diese zu beeinflussen, wurden ebenfalls bestätigt.

Noch ein Hinweis: Unternehmen verändern den Ablauf und die Übungen gelegentlich, insbesondere nach Veröffentlichungen. Erhalten Sie daher von den hier aufgeführten Unternehmen eine Einladung zum Assessment-Center, so können Sie nicht davon ausgehen, dass die Übungen noch identisch mit den hier vorgestellten sind. Sie sind jedoch bestens gewappnet, wenn Sie im weiteren Verlauf unsere Ausführungen, Tipps und Ratschläge zu den einzelnen Übungen studiert und trainiert haben.

Jungheinrich AG

- *Position:* Trainee-Programm
- *Dauer:* ganztägig
- Zwölf Teilnehmer, sechs Beobachter aus den Fachabteilungen, ein Moderator mit Assistentin

Ablauf

Begrüßung: 30 Minuten Begrüßung, Vorstellung des Trainee-Programms. 60 Minuten Präsentation des Unternehmens, Vorstellung der Beobachter, Überblick über den Tagesablauf, Beantwortung von Bewerberfragen

Vorstellungsrunde: 15 Minuten Vorbereitungszeit, Bildung von Kandidatenpaaren, pro Teilnehmer 5 Minuten Partnervorstellung

Gruppendiskussion: Zehn Minuten Vorbereitungszeit, 20 Minuten Dauer, Thema: Erfolgsfaktoren für den Führungsnachwuchs

Pause: 15 Minuten

Aufteilung der Kandidaten in zwei Gruppen

Gruppe 1: 60 Minuten, Bearbeitung von Unterlagen zu einer Fallstudie

Gruppe 2: 60 Minuten, Interviews, jeweils ein Beobachter und ein Kandidat

Mittagessen: 45 Minuten gemeinsames Mittagessen in der Kantine

Wechsel der Aufgabenstellungen für die Gruppen

Gruppe 1: 60 Minuten, Interviews, jeweils ein Beobachter und ein Kandidat

Gruppe 2: 60 Minuten, Bearbeitung von Unterlagen zu einer Fallstudie

Pause: 15 Minuten

Vortrag zur Fallstudie: 30 Minuten Vorbereitung der Ergebnispräsentation, 7 Minuten Vortrag der Ergebnisse

Feedback-Runde: 30 Minuten

Verabschiedung

Axel Springer Verlag AG

- *Position:* Trainee-Programm
- *Dauer:* ganztägig
- 30 Teilnehmer, 12 Beobachter, zwei Moderatoren

Ablauf

Begrüßung

Vorstellungsrunde: 10 Minuten Vorbereitungszeit, 3 Minuten Selbstpräsentation

Wissenstest: 60 Minuten, Fragen zu Medien, Journalismus und Allgemeinbildung, beispielsweise: Nennen Sie fünf Produkte des Springer Verlages und fünf des Burda Verlages. Was ist ein Relaunch?

Gruppendiskussion: 30 Minuten, drei Gruppen zu je zehn Teilnehmern mit jeweils vier Beobachtern, Thema: Inwieweit verändern die neuen elektronischen Medien den Stellenwert der Printmedien?

Mittagspause: gemeinsames Essen

Aufsatz: 60 Minuten Aufsatz zum Thema: Anforderungen an den Mitarbeiter im Medienbereich. 20 Begriffe werden vorgegeben, beispielsweise Belastbarkeit, Durchsetzungsfähigkeit, Selbstbewusstsein, Rechtschreibkenntnisse, Kritikkenntnisse, DTP-Kenntnisse, Teamfähigkeit. Aus diesen 20 Begriffen sind die fünf wichtigsten auszuwählen und um zwei eigene Anforderungen zu ergänzen.

Vortrag: 60 Minuten insgesamt. 50 Minuten Informationsrecherche über Internet und CD-ROM. 10 Minuten Vortrag. Thema: Die wichtigsten Informationen zum Axel Springer Verlag.

Interview: 30 Minuten. Schwerpunkte: Leistungsmotivation und Werdegang

Ausklang: 30 Minuten, kein Feedback. Die Teilnehmer erhalten Sekt, einen Bildband über Hamburg und die Veröffentlichung einer Rede des Personalvorstandes über die Anforderungen an den Mediennachwuchs.

MLP Finanzdienstleistungen AG

- *Position:* MLP Berater (Finanzdienstleistungen)
- Dauer: ganztägig
- 48 Teilnehmer, 12 Beobachter, aufgeteilt in Gruppen zu je acht Teilnehmern und zwei Beobachtern

Ablauf

Kurze Begrüßung

Selbstpräsentation: Keine Vorbereitungszeit, Präsentationszeit freigestellt, Medieneinsatz erwünscht

Gruppendiskussion: 10 Minuten Vorbereitungszeit, 19 Minuten Gruppendiskussion, Thema: »Entwerfen Sie ein Beraterprofil für eine Stellenanzeige«. Abbruch nach genau 19 Minuten.

Vortrag: 5 Minuten Präsentation des Diskussionsergebnisses

Rollenspiele: Keine Vorbereitungszeit, 5 Minuten Gesprächsdauer, Kundengespräche, Themen u. a. Verkauf einer Kreditkarte an einen Mönch, Verkauf eines Wirtschaftsmagazines an einen Tankstellenpächter, Verkauf eines Rhetorikkurses an einen MLP-Geschäftsstellenleiter

Mittagspause

Knock-out-Assessment-Center: Alle Kandidaten, die nicht einen vorher festgelegten Bewertungsschnitt erreicht haben, werden freundlich verabschiedet.

Gesprächsrunde: Die verbliebenen Teilnehmer führen Gespräche mit den Beobachtern. Das Unternehmen wird ausführlich vorgestellt. Die Beobachter gehen auf Kandidaten zu, die ihnen sympathisch sind, und klären mit ihnen mögliche Einsatzorte und notwendige Schulungsmaßnahmen.

Abschluss

IBM Deutschland GmbH

- *Position:* Trainee-Programm
- *Dauer:* ganztägig
- Acht Teilnehmer, fünf Beobachter, eine Personalreferentin

Ablauf

Wartezeit: 20 Minuten Wartezeit in der Gruppe

Vorstellungsrunde: Selbstpräsentation, keine Zeitvorgabe. Die Kandidaten werden in zwei Gruppen zu je vier Teilnehmern aufgeteilt.

Gruppe 1: Gruppendiskussion, 40 Minuten, Thema: »Einführung flexibler Arbeitszeiten und Arbeitszeitkonten. Was spricht dafür, was dagegen?«

Gruppe 2: Gruppendiskussion, 40 Minuten, Thema: »Vorbereitung eines Verkaufsgespräches: Abgrenzung von Großrechnerarchitekturen gegenüber PC-Systemen. Vernetzungsmöglichkeiten und Softwaremodifikationen. Arbeiten Sie die Vorteile von IBM-EDV heraus.«

Wechsel der Themen, Gruppe 1 bereitet das Verkaufsgespräch vor, Gruppe 2 diskutiert über die Einführung flexibler Arbeitszeiten

Interviews: Schwerpunkte: Karrierevorstellungen und bisherige Entwicklung

Selbst- und Fremdeinschätzung: Schwerpunkt: Das eigene Verhalten in den Gruppendiskussionen

5

Selbstpräsentation

Ganz am Anfang des Assessment-Centers werden die Kandidaten immer gebeten, sich selbst vorzustellen. Unterschätzen Sie hierbei nicht die Macht des ersten Eindrucks. In der Selbstpräsentation werden bereits entscheidende Weichenstellungen für das gesamte Assessment-Center vorgenommen. Hochschulabsolventen, die sich überzeugend präsentieren, erarbeiten sich bei den Beobachtern einen Sympathiebonus, der auf die weiteren Übungen ausstrahlt.

Die Selbstpräsentation, auch Kennenlernübung oder Vorstellungsrunde genannt, findet zu Anfang des Assessment-Centers statt. Die Teilnehmerinnen und Teilnehmer werden aufgefordert, sich den Beobachtern und der Gruppe in einem Kurzvortrag vorzustellen. Thema dieses Kurzvortrages: Sie selbst.

Der erste Eindruck

Machen Sie Ihr individuelles Profil deutlich

Zu Beginn des Assessment-Centers ist naturgemäß die Nervosität bei den Kandidaten besonders groß. Fast alle Teilnehmer versuchen nur, die erste Übung irgendwie hinter sich zu bringen. Die Chance, sich bereits in dieser Übung mit einem individuellen Profil in Szene zu setzen, wird nur von wenigen genutzt. Die meisten Kandidaten liefern bei ihrer ersten Möglichkeit zum Marketing in eigener Sache leider nur Durchschnittliches.

Selbstdarstellungen, die sich nicht wesentlich von denen der Mitbewerber unterscheiden, hinterlassen einen faden Eindruck. Schließlich sind die Beobachter zu dieser Veranstaltung gekommen, um herausragende Leistungsträger und außergewöhnliche Talente herauszufiltern.

Erarbeiten Sie sich schon zu Anfang einen Vorsprung

Der erste Eindruck in der Vorstellungsrunde hat deshalb einen herausragenden Stellenwert für die Kandidatenbewertung im gesamten Assessment-Center. Wer sich schon zu Anfang mit seiner Vorstellung aus der Gruppe der Kandidaten abheben kann, hat die Chance, diesen Vorsprung in den weiteren Übungen zu verteidigen. Teilnehmer, die bei ihrer Selbstpräsentation kein besonderes Profil vermitteln und zu zögerlich auftreten, geraten in Gefahr, im Mittelfeld hängen zu bleiben. Wer eine schlechte Präsentation seiner Person und seiner beruflichen Qualifikation liefert, wird auch im weiteren Verlauf kritisch beobachtet und beurteilt werden. Deshalb ist Ihre Chance, gleich zu Anfang des Assessment-Centers entscheidend zu punkten, nicht hoch genug einzuschätzen. Wer sich diesen Vorteil erarbeiten will, muss jedoch gute und intensive Vorarbeit leisten.

Vorsprung durch Sympathiepunkte

Unsere Erfahrungen aus der Praxis werden auch in der wissenschaftlichen Auswertung von Assessment-Centern bestätigt. So stellte Prof. Dr. Heinz Schuler, Psychologe und Experte für Assessment-Center, fest: »Beurteiler neigen dazu, sich sehr rasch einen ersten Globaleindruck zu bilden. Einzelne Beobachtungen gewinnen den Charakter von Schlüsselreizen. Persönliche Sympathie beeinflusst den Gesamteindruck.«

Die Selbstpräsentation wird üblicherweise so durchgeführt, dass Sie eine Vorbereitungszeit von drei bis fünf Minuten eingeräumt bekommen und sich anschließend fünf bis zehn Minuten lang präsentieren sollen. Gelegentlich wird Ihnen überhaupt keine Zeit für die Vorbereitung eingeräumt – Stresstest! –, da man annimmt, dass Ihnen die Darstellung Ihres Werdeganges und Ihres beruflichen Profils keine Probleme bereiten sollte. Sie werden dann direkt angesprochen und aufgefordert, vor die Gruppe zu treten, um sich dort zu präsentieren.

Ob mit Vorbereitungszeit oder ohne: Wenn Sie unsere Tipps zur Selbstpräsentation durcharbeiten und umsetzen, wird Sie diese erste Übung nicht aus dem Gleichgewicht bringen. Gleichzeitig verschaffen Sie sich mit einer gut ausgearbeiteten Selbstpräsentation einen doppelten Startvorteil, denn Ihre Selbstpräsentation ist nicht nur in der Vorstellungsrunde, sondern auch in den später eventuell folgenden Interviews gefragt. Dort bildet Ihre Selbstpräsentation die Basis für Ihre Antworten auf viele Fragen der Beobachter.

Doppelter Startvorteil durch eine gelungene Vorstellung

Die mündliche Selbstpräsentation ähnelt in vielem dem Übungstyp Vortrag. Auch bei der Selbstpräsentation treten Sie vor die Gruppe und nehmen zu einem Thema Stellung. Im Kapitel »Vorträge« geben wir Ihnen Tipps zur Durchführung und Hinweise zur Körpersprache, die auch für Ihre Selbstpräsentation gelten. In diesem Kapitel machen wir Sie vorrangig mit der inhaltlichen Aufbereitung Ihrer Selbstpräsentation vertraut, wobei wir mit möglichen Fehlern beginnen möchten, um Ihnen danach aufzuzeigen, wie Sie es besser machen können.

Fehler bei der Selbstpräsentation

Ob Hochschulabsolvent beim Sprung auf die erste Stufe der Karriereleiter oder Führungskraft mit zehn Jahren Managementerfahrung – keiner der von uns beratenen Bewerber war bisher in der Lage, ohne Vorbereitung und Übung die wesentlichen Stationen seines bisherigen Werdeganges in drei Minuten wirkungsvoll darzustellen.

Drei Minuten, die entscheiden

Beratung

Aus unserer Beratungspraxis

Ein ganz normaler Start ins Assessment-Center

In einem Assessment-Center wurden zehn Kandidaten gebeten, nach Aufforderung nacheinander vor die Gruppe zu treten und sich dort vorzustellen.

Ein Kandidat hatte bei der Instruktion zur Selbstpräsentation abgeschaltet und nicht gehört, dass die Kandidaten »nach Aufforderung« vor die Gruppe treten sollten. Kaum hatte die Moderatorin die Instruktionen beendet, stand er auf und ging nach vorne. Damit bewies er leider keine Initiative, sondern eher, dass er nicht in der Lage war, die als Stress empfundene Wartezeit bis zu seinem Auftritt zu ertragen. Die Moderatorin schickte ihn wieder auf seinen Platz und machte ihn noch einmal mit der genauen Durchführung der Selbstpräsentation bekannt.

Die Selbstpräsentationen der Kandidaten erregten keine gespannte Aufmerksamkeit bei den Beobachtern, denn die Struktur der Selbstpräsentationen war fast annähernd gleich. Nur ein Kandidat ragte heraus, leider nicht im positiven Sinne. Er begann seine Selbstpräsentation mit der Aussage: »Ich bin derjenige, der am Ende des Tages noch übrig sein wird.« Darauf reagierte die nächste Teilnehmerin in ihrer Selbstpräsentation mit dem Konter: »Ich hoffe, dass unsere Gruppe meinem Vorredner seine Selbstüberschätzung deutlich machen wird.«

Ein anderer Kandidat fiel auf, weil er an das Flipchart seinen Namen anschrieb, die Umrisse der Bundesrepublik Deutschland skizzierte und seinen Heimatort und den Weg zum Assessment-Center einzeichnete. Sein Medieneinsatz wurde positiv bewertet, da er der Einzige war, der diese Möglichkeit überhaupt genutzt hatte. In seiner Selbstpräsentation hob er allerdings mehr auf seine Freizeitaktivitäten ab als auf seine beruflichen Leistungen.

Fazit: Zu oft bringen Teilnehmer schon in der ersten Übung Selbstpräsentation Aggression ins Spiel, die bereitwillig von anderen Kandidaten aufgenommen wird. Es ist selten, dass sich Kandidaten bereits in der Vorstellungsrunde den Beobachtern empfehlen. Diese hören oft gleich lautende Selbstpräsentationen, und die Möglichkeit des Medieneinsatzes wird fast nie genutzt. So verspielen die meisten Kandidaten die Chance, aus der Masse herauszuragen und sich einen Sympathiebonus zu erarbeiten.

Die Werbung in eigener Sache fällt erfahrungsgemäß allen Hochschulabsolventen schwer. Das liegt daran, dass die Abstufungen zwischen Überheblichkeit, übertriebener Selbstdarstellung und Unglaubwürdigkeit auf der einen Seite und Unterwürfigkeit, mangelndem Selbstvertrauen und Graue-Maus-Image auf der anderen Seite sprachlich schwer in den Griff zu bekommen sind. Es ist schwierig, den richtigen Ton für die Darstellung der eigenen Person zu finden, insbesondere dann, wenn man sich in einer künstlichen Situation wie der Vorstellungsrunde des Assessment-Centers befindet.

Ein roter Faden muss erkennbar werden

In unseren Trainings zur Vorbereitung mussten wir bei der Übung Selbstpräsentation feststellen, dass die Mehrzahl der Hochschulabsolventen Fakten und Erlebnisse aus ihrem bisherigen Werdegang einfach aneinander reihten, ohne dass ein roter Faden erkennbar wurde. Die ideale Präsentation ist aber die Darstellung der eigenen Entwicklung, in der ein Bezug zur Wunschposition erkennbar wird. Dies ist unverzichtbar, um die Beobachter nachhaltig zu beeindrucken. Schließlich werden bei der Selbstpräsentation entscheidende Weichenstellungen für das weitere Abschneiden im Assessment-Center gestellt. So sorgen diejenigen Kandidaten, die in ihrem Vortrag eine klare Linie mit direktem Bezug auf die ausgeschriebene Position herausarbeiten, bei den Beobachtern für die gewünschten Sympathie- und Halo-Effekte.

Erarbeiten Sie Ihr berufliches Profil

Bevor wir Ihnen erläutern, wie Sie eine überzeugende Selbstpräsentation aufbauen und inhaltlich ausfüllen, stellen wir Ihnen zunächst ein Negativbeispiel vor. Unvorbereitete Bewerber liefern in ihrer Selbstpräsentation fast durchgängig eine Nacherzählung ihres Lebens und lassen dabei das Qualifikaktionsprofil, das sie zur Übernahme der Einstiegsposition befähigt, unter den Tisch fallen. Dieses Negativbeispiel zeigt Ihnen, wie ein Hochschulabsolvent in den wenigen Minuten, die ihm für die Selbstpräsentation zur Verfügung stehen, das Interesse der Beobachter an seiner Person und an seinen Fähigkeiten zum Erlöschen bringt.

Beispiel

Durchschnittskandidat

»Guten Tag, meine Damen und Herren,

mein Name ist Dennis G. Leich, ich bin aufgefordert worden, mich Ihnen vorzustellen. Geboren wurde ich am 11. November 1975 in einem Krankenhaus in einer Kleinstadt. Anschließend besuchte ich Grundschule und Gymnasium und machte mein Abitur, leider erst im zweiten Anlauf, im Jahr 1994.

Negativbeispiel

Nach dem Abitur habe ich meinen Zivildienst abgeleistet. Im Anschluss an den Zivildienst habe ich mir erst einmal einen langen Urlaub gegönnt und habe mit dem Studium deswegen etwas später begonnen.

Mein Studium der Nachrichtentechnik habe ich nach zwei Semestern abgebrochen. Ich habe gemerkt, dass Technik doch nicht mein Ding ist. Außerdem war das Studium viel zu verschult und theoretisch. Die Professoren haben sich überhaupt nicht um uns Studenten gekümmert.

Damit ich mich fürs Mangement qualifiziere, habe ich mich dann für den Studiengang Betriebswirtschaft eingeschrieben. Dort konnte ich meine Flexibilität und Kreativität besser einbringen. Eine praktische Diplomarbeit war bei uns an der Hochschule nicht möglich, sonst hätte ich natürlich eine gemacht. Mein Praktikum bei einer Unternehmensberatung war kein richtiger Lichtblick. Deshalb habe ich wieder Abstand davon genommen, Unternehmensberater zu werden.

Meine soziale Kompetenz beweise ich auch als Mitglied der Volleyballmannschaft TUS Kleinkummerfeld. Ich habe noch ein weiteres, sehr außergewöhnliches Hobby: Ich bin Drachenflieger. Selbstverständlich bin ich global mobil, ich könnte mir sogar vorstellen, ins Ausland zu gehen.

Tja, das war's dann so zu meiner Person.«

Diese Selbstdarstellung enthält viele typische Fehler, die Sie vermeiden können. Ein entscheidender Fehler mit Folgewirkungen für die gesamte Selbstpräsentation ist der ungünstig gewählte Aufbau. Die mit der Geburt und Schulzeit beginnende und mit der Freizeitgestaltung endende Selbstdarstellung ist etwas verstaubt. Ob Diplom-Kaufmann, Elektroingenieurin, Phyiker, Volkswirtin oder Germanist, das immer gleiche Muster: »Mein Name ist ..., ich bin geboren am ..., bin zur Schule gegangen in ..., habe ... studiert, meine Hobbys sind ...« schläfert jeden Zuhörer ein.

Gewinnen Sie die Aufmerksamkeit Ihrer Zuhörer

Mit dieser leider üblichen Selbstdarstellung ordnen sich die Kandidaten in die graue Masse durchschnittlicher Bewerber ein. Uninteressante und für die Position unwesentliche Informationen wie die Geburt oder die Schulzeit stehen am Anfang und verschwenden diese Spanne der erhöhten Aufmerksamkeit bei den Zuhörern. Bestenfalls ein Drittel der Redezeit wird dann darauf verwandt, das Studium und eventuell absolvierte Praktika zu thematisieren. Statt dann in die interessanten Aspekte wie Schwerpunktbildung im Studium, erste Berufserfahrung aus Praktika, Engagement in der Fachschaft, Mitarbeit in einer Studenteninitiative oder Erfahrungen aus Aushilfstätig-

Beginnen Sie mit den wichtigsten Informationen

keiten zu gehen, schwenken die Kandidaten zum Schluss zu ihren Hobbys um. Anstelle einer schlagwortartigen Beschreibung ihrer Kenntnisse und Qualifikationen liefern die Teilnehmer im letzten Drittel der Selbstpräsentation Ausführungen über ihre Freizeitgestaltung.

Anfang und Ende bleiben im Gedächtnis

Jeder Zuhörer, und damit auch die Beobachter, behält aber vorwiegend den Anfang und das Ende einer Rede im Gedächtnis, da dort die Aufmerksamkeit am höchsten ist. Bei diesem herkömmlichen Aufbau der Selbstpräsentation bleibt somit beim Zuhörer im Gedächtnis, dass der Kandidat geboren worden und zur Schule gegangen ist, gerne Volleyball spielt und Drachen fliegt.

Aber nicht nur beim Aufbau verschenken die meisten Kandidaten wichtige Punkte, sie machen auch inhaltliche Fehler. Viele Bewerber bringen sich mit abwertenden, mehrdeutigen und sich selbst anklagenden Formulierungen um ein gutes Ergebnis in der Selbstpräsentation. Anhand unseres Negativbeispiels »Durchschnittskandidat« möchten wir Ihnen die häufigsten Fehler im Einzelnen vorstellen. Aus diesen Fehlern können Sie lernen, es besser zu machen.

Ragen Sie aus der Menge heraus

Kein individuelles Profil: Der Kandidat tritt nicht aus der Menge heraus. Er stellt einen Werdegang dar, der auch auf jeden anderen Hochschulabsolventen zutreffen könnte. Warum man gerade ihn einstellen sollte, wird überhaupt nicht klar. Weder über die angestrebte Einstiegsposition noch über die erforderlichen Qualifikationen wird auch nur ein Wort verloren. Es werden keine konkrete Erfahrungen aus dem Praktikum geschildert, und es wird keine Schwerpunktbildung im Studium deutlich. Berufliche Zielvorstellungen fehlen ganz.

Selbstanklage: Es scheint dem Kandidaten aus unserem Negativbeispiel ein Bedürfnis zu sein herauszustellen, was bisher in seinem Lebensweg nicht auf Anhieb geklappt hat. Er weist auf seine »Ehrenrunde« in der Schule hin und betont sein fehlendes technisches Interesse, das in einem Studienabbruch gipfelte. Es entsteht der Eindruck, dass der Bewerber Herausforderungen nicht im ersten Anlauf bewältigen kann und sehr schnell aufgibt. Ein nicht so ergiebiges Praktikum lässt ihn seine Berufsziele sofort ändern. Belastbarkeit und Ausdauer bei der Verfolgung selbst gesteckter Ziele werden auf diese Weise bestimmt nicht dokumentiert.

Soziale Kompetenz mit berufsnahen Beispielen belegen

Leerfloskeln: Die bloße Aufzählung von Begriffen aus dem Bereich soziale Kompetenz ist ein typischer Bewerberfehler. Ohne möglichst berufsnahe Beispiele und Belege sind die vom Kandidaten verwendeten Begriffe wie Flexibilität, Kreativität und Mobilität nicht aussagekräftig und sprechen deshalb eher gegen ihn. Das Beispiel, das er für seine soziale Kompetenz liefert, liegt im Freizeitbereich und entspricht keineswegs den Vorstellungen, die Unternehmensvertreter von sozialer Kompetenz haben.

Bedenken Sie: zum Streit gehören immer zwei

Schuldzuweisungen: Anderen die Schuld an Fehlentwicklungen zu geben ist grundsätzlich problematisch. Der Hochschulabsolvent zeigt sich wenig reflektionsfähig, wenn er bei Problemen im Studium oder im Praktikum auf »die anderen« als Schuldige verweist. Die Verbalattacke gegen unfähige Professoren und die Abwertung des Praktikums in der Unternehmensberatung sind – selbst wenn sie der Wahrheit entsprächen – ungeschickt. Die Beobachter werden in eine Verteidigerrolle zugunsten der Professoren und der Unternehmensberatung gedrängt und beginnen sehr schnell darüber nachzudenken, welchen Anteil der Kandidat wohl selbst an den ungünstigen Umständen hatte.

Freizeitorientierung: Abgerundet wird die ungünstige Selbstdarstellung mit der Aufzählung von Hobbys am Ende des Vortrages. Hier wird tatsächlich das Interesse der Beobachter geweckt: leider nicht im Sinne des Kandidaten. Bei den Beobachtern kommt das Hobby Drachenfliegen an als: »Ich gefährde meine Arbeitskraft durch ein risikobehaftetes Hobby.«

Ihr Beruf ist wichtiger als Ihre Hobbys

Auch dass der Kandidat lieber in den Urlaub fuhr, statt zügig sein Studium in Angriff zu nehmen, wird bei den in den Arbeitsalltag eingespannten Beobachtern sicherlich nicht auf Gegenliebe stoßen. Der Kandidat nutzt die ihm eingeräumte Zeit weniger dazu, seine Qualifikationen darzustellen, sondern erweckt den Eindruck, dass ihn seine Freizeitgestaltung mehr interessiert als das harte Berufsleben.

Gelungene Selbstpräsentation

Machen Sie es besser als der Hochschulabsolvent aus dem Negativbeispiel: Entwickeln Sie ein eigenständiges Profil, das die Beobachter schon zu Beginn des Assessment-Centers beeindruckt. Eine gut ausgearbeitete Selbstpräsentation verschafft Kandidatinnen und Kandidaten erhebliche Startvorteile. Damit Sie sehen, wie Ihnen dies gelingen kann, stellen wir Ihnen nun zum Vergleich unser Positivbeispiel vor.

Beispiel

Wunschkandidat

»Sehr geehrte Damen und Herren,

mein Name ist Torben W. Inner. Ich würde mich gerne in Ihrem Trainee-Programm für eine Position im Key-Account qualifizieren.

Erste Erfahrungen im Vertrieb habe ich bei der Jupiter AG gewinnen können. Dort habe ich im Rahmen eines Praktikums Aufgaben im Vertriebsinnendienst übernommen. Dazu gehörte die Unterstützung der Key-Account-Manager im Tagesgeschäft durch statistische Auswertungen, Marktanalysen und die Erstellung von Präsentationen. Daneben war ich an der Entwicklung von verkaufsfördernden Maßnahmen für Großkunden in einem Projektteam beteiligt.

In meinem Studium der Betriebswirtschaftslehre an der Ruhr-Universität Bochum habe ich bereits alle diplomrelevanten Prüfungen abgelegt, nur die Ausfertigung der Urkunde und des Zeugnisses stehen noch aus. Meine Studienschwerpunkte waren die Handelsbetriebslehre sowie die Absatzwirtschaft und das Beschaffungswesen. In meiner Diplomarbeit habe ich den Nutzen strategischer Kooperationen zwischen Industrie und Handel untersucht. Während des Grundstudiums war ich als Verkäufer für die Sportartikel GmbH tätig. Im Hauptstudium habe ich als stellvertretender Vorsitzender der Studenteninitiative MTP, Marketing zwischen Theorie und Praxis, Firmenvorträge organisiert und Kontakte zu Unternehmen aufgebaut und gefestigt.

Positiv-beispiel

Ich spreche gut Englisch und Spanisch und bin sicher im Umgang mit dem Softwarepaket MS Office und dem Internet.

Zum Schluss noch einmal die Kernpunkte meines Profils: Meine Erfahrungen im Verkauf habe ich durch eine Tätigkeit im Vertriebsinnendienst ausgebaut. Ich habe mich bereits mit dem Aufgabenprofil eines Key-Account-Managers vertraut gemacht. Die Arbeit in Projektteams habe ich kennen gelernt. Der Aufbau von Kontakten zu Unternehmen und die Erarbeitung gemeinsamer Strategien macht mir Spaß. Meine Kenntnisse und Fähigkeiten möchte ich in Ihrem Trainee-Programm weiter ausbauen und mich für Managementpositionen qualifizieren.«

Diese gelungene Selbstpräsentation zeigt jedem Zuhörer: Hier weiß ein selbstbewusster Bewerber, was er sich im Studium und in Praktika an Wissen und Fähigkeiten angeeignet hat und wie er seine Qualifikationen für ein Unternehmen einsetzen kann. Schlagworte und Schlüsselbegriffe aus dem angestrebten Tätigkeitsfeld werden eingesetzt. Der Theorie-Praxis-Transfer des Hochschulwissens in die berufliche Praxis wird deutlich, und die Beobachter erkennen einen roten Faden in der Entwicklung. Es tauchen keine negativen Reizworte, Relativierungen und Abwertungen auf. Die anschauliche Beschreibung der bisher im Praktikum und im Job wahrgenommenen Tätigkeiten und der Mitarbeit in einem Projektteam verdeutlicht die fachli-

Gelungene Anwendung von Schlüsselbegriffen

che, soziale und methodische Kompetenz des Bewerbers, ohne dass Leerfloskeln benutzt werden. Auf eine eigene Bewertung der Qualifikation verzichtet er, er hält sich an Beschreibungen.

Damit auch Sie sich eine aussagekräftige und überzeugende Selbstpräsentation erarbeiten können, stellen wir Ihnen zunächst das Schema vor, nach dem wir die gelungene Selbstpräsentation ausgearbeitet haben. Anschließend machen wir Sie mit Kommunikationstricks für die Ausformulierung Ihrer Selbstdarstellung vertraut.

Schema für die Selbstpräsentation

Stellen Sie Ihre Qualifikationen mit Bezug zur Einstiegsposition dar

Ihre Selbstpräsentation sollten Sie so aufbauen, dass der Bezug zur Einstiegsposition deutlich wird. Das bedeutet für Sie, dass Sie an den Anfang berufsnahe Erfahrungen stellen, da dies der beste Beleg dafür ist, dass Sie auch die Aufgaben in Ihrer ersten Position in den Griff bekommen können. Praktika, Projektarbeiten, Werksstudententätigkeiten oder die Zusammenarbeit mit einem Unternehmen während der Diplomarbeit sind für Unternehmen besonders wichtig. Fangen Sie daher Ihre Selbstpräsentation nicht mit Ihrem Studium oder womöglich Ihrer Schulzeit an. Stellen Sie berufsnahe Erfahrungen an den Anfang. Erst danach gehen Sie auf Ihr Studium ein und liefern anschließend für die Einstiegsposition wichtige Zusatzqualifikationen. Am Ende Ihrer Selbstpräsentation sollten Sie noch einmal schlagwortartig Ihre Qualifikationen zusammenfassen.

Orientieren Sie sich bei der Erstellung Ihrer Selbstpräsentation an dem von uns in der Beratungspraxis entwickelten Schema:

- Stellen Sie Ihre erste Berufserfahrung aus Praktika, Projektarbeit, Werksstudententätigkeiten oder aus der Diplomarbeit an den Anfang Ihrer Selbstpräsentation.

- Heben Sie die Tätigkeiten hervor, die einen Bezug zur Einstiegsposition haben.
- Erläutern Sie Ihre Schwerpunktbildung im Studium. Stellen Sie heraus, welche Zusatzqualifikationen Sie mitbringen.
- Liefern Sie eine Schlusszusammenfassung. Stellen Sie noch einmal schlagwortartig Ihre Qualifikationen dar.

Die erste Berufserfahrung: Sie sollten Ihre Selbstpräsentation beginnen mit der Darstellung von Aufgaben, die Sie in einem berufsnahen Kontext übernommen haben. Führen Sie nicht nur auf, über welche ersten beruflichen Erfahrungen Sie verfügen, sondern erläutern Sie umfassend die von Ihnen wahrgenommenen Tätigkeiten. Machen Sie klar, dass Sie auch in der beruflichen Praxis bestehen können.

Belegen Sie, dass Sie in der beruflichen Praxis bestehen können

Unser Kandidat aus dem Positivbeispiel führt hier auf, dass er bereits Key-Account-Manager unterstützt hat, in der Lage ist, sich in ein Team zu integrieren, und neben der Erfahrung in der Vertriebsunterstützung auch eigene Verkaufserfahrungen mitbringt.

Der Bezug zur Einstiegsposition: Die Tätigkeiten, die die größte Nähe zur Einstiegsposition haben, sollten Sie in der Selbstpräsentation ausführlicher darstellen. Für Sie als Berufseinsteiger ist besonders wichtig nachzuweisen, dass Sie im Tagesgeschäft bestehen können. Geben Sie daher auch Routineaufgaben an. Insbesondere die Teilnahme an einem Projekt ist ein wichtiger Aspekt, an dem Sie Ihre soziale und methodische Kompetenz deutlich machen können.

In unserem Beispiel einer gelungenen Selbstpräsentation verweist der Kandidat auf die Bewältigung des Tagesgeschäftes. Er erwähnt die Anfertigung statistischer Auswertungen, die Durchführung von Marktanalysen und die Erstellung von Präsentationen. Er führt auch seine Teilnahme an einem Projekt

Konzentrieren Sie sich auf die wirklich wichtigen Dinge Ihres Lebens

an und stellt heraus, dass es dort um Verkaufsförderung ging. Seinen Job als Verkäufer im Grundstudium streift er kurz und verdeutlicht damit seine Orientierung zum Vertrieb.

Verweisen Sie auf eine passende Schwerpunktbildung im Studium

Studium und Zusatzqualifikationen: Wenn Sie durch eine geeignete Schwerpunktbildung im Studium umfangreiche Kenntnisse erworben haben, die für die Einstiegsposition wichtig sind, so sollten Sie diese auch hervorheben. Erläutern Sie, was Sie im Studium besonders interessiert hat, in welchem Bereich Sie vertiefende Seminare belegt haben und welche Kenntnisse Sie sich selbst angeeignet haben.

Unser Beispielkandidat, der sich für ein Trainee-Programm im Handel bewirbt, nennt die passenden Studienschwerpunkte

Handelsbetriebslehre, Absatzwirtschaft und Beschaffungswesen. Seine Diplomarbeit, die thematisch in sein angestrebtes Tätigkeitsfeld gehört, stellt er allgemein verständlich vor. Aus seiner aktiven Mitarbeit in einer Studenteninitiative greift er die Aufgaben heraus, die zu seinem Berufswunsch passen. Die von ihm genannten Sprach- und PC-Kenntnisse runden den gelungenen Auftritt ab.

Die Schlusszusammenfassung: Damit sich Ihr Qualifikationsprofil bei den Beobachtern einprägt, sollten Sie zum Schluss Ihrer Selbstpräsentation stichwortartig Ihre Kompetenz herausstellen. Verwenden Sie die branchenüblichen Schlagworte und Schlüsselbegriffe, die Ihr Profil charakterisieren. Liefern Sie noch einmal die Hauptargumente, aus denen deutlich wird, dass Sie ein besonders interessanter Kandidat sind.

Stellen Sie stichwortartig Ihre Kompetenz heraus

Der Wunschkandidat aus unserem Beispiel liefert am Schluss seiner Selbstdarstellung in wenigen Sätzen eine Zusammenfassung seiner bisherigen Praxiserfahrung sowie seiner Studienschwerpunkte und begründet seinen Berufswunsch.

Präsentieren auch Sie sich im Assessment-Center als Wunschkandidat: Heben Sie die für die Einstiegsposition wichtigsten Kenntnisse und Fähigkeiten hervor. Stellen Sie praktische Erfahrungen in den Vordergrund. Machen Sie den roten Faden in Ihrer Entwicklung deutlich. Lernen Sie, unser Schema für Ihre Selbstpräsentation zu nutzen, indem Sie dazu unsere Übung »Der Aufbau Ihrer Selbstpräsentation« trainieren.

Der Aufbau Ihrer Selbstpräsentation

Übung

Entwickeln Sie Ihre Selbstpräsentation anhand unseres Schemas:

1. Erste Erfahrungen in ....
(späterer Tätigkeitsbereich)
konnte ich bei der ABC GmbH sammeln.

Zu meinen Aufgaben gehörte dort ....
(Aufgabe 1)
....
(Aufgabe 2)
und ....
(Aufgabe 3)

2. Ich habe .... gemacht,
(Tätigkeit 1)
übernommen ....
(Tätigkeit 2)
und bei ....
(Tätigkeit 3)

mitgearbeitet. An dem Projekt XYZ habe ich teilgenommen. In meiner Diplomarbeit habe ich für die DEF AG eine Untersuchung zum Thema (allgemein verständliche Version des Titels der Diplomarbeit) durchgeführt.

3. In meinem Studium habe ich besonders die Schwerpunkte ABC und DEF ausgebaut, als Zusatzkenntnisse bringe ich gute Kenntnisse in GHI mit.

4. Zusammenfassend lässt sich festhalten ....

....

Lösen Sie sich von der konventionellen Selbstdarstellung

Mit dem von uns vorgestellten Schema werden Sie sich von der konventionellen Selbstdarstellung lösen, die mit der Schulzeit beginnt und bei den Freizeitaktivitäten aufhört. Sie werden auch den Fehler vermeiden, das Studium zu stark zu thematisieren und damit zu wenig auf praktische Erfahrungen einzugehen. Damit Sie beim Vortrag Ihrer Selbstpräsentation überzeugend wirken, stellen wir Ihnen jetzt noch Kommunikationstricks für die Ausarbeitung und Optimierung Ihre Selbstpräsentation vor.

Kommunikationstricks für die Selbstpräsentation

Achten Sie in Ihrer Selbstpräsentation darauf, aktiv und zupackend zu formulieren. Die Beobachter sollen Sie als leistungsbereiten Kandidaten einschätzen, von dem auch in Zukunft noch eine Menge zu erwarten ist. Nutzen Sie unser Schema für die Selbstpräsentation und füllen Sie es mit Ihren Inhalten. Erarbeiten Sie sich mit der Übung Selbstpräsentation einen Startvorteil, indem Sie als nächsten Schritt noch unsere Kommunikationstricks einsetzen. Die Kommunikationstricks der erfolgreichen Selbstdarstellung lauten:

Formulieren Sie aktiv und zupackend

- auf fachliche Anforderungen eingehen
- Aktivität zeigen
- individuelles Profil darstellen
- Beispiele für soziale und methodische Kompetenz geben
- beschreiben statt bewerten
- Schlagworte und Schlüsselbegriffe einsetzen

Auf fachliche Anforderungen eingehen: Machen Sie Ihren Zuhörern klar, dass Sie sich mit den fachlichen Anforderungen auseinander gesetzt haben, die in der Einstiegsposition an Sie gestellt werden. Stellen Sie diejenigen Tätigkeiten heraus, die eine Nähe zur Einstiegsposition haben und betonen Sie besondere Schwerpunktbildungen im Studium.

Fachliche Anforderungen an den Marketingnachwuchs

Beispiel

»Ich habe bereits erste Erfahrungen im Marketing gesammelt. In meinem Praktikum habe ich die Marketingleiterin bei der Umsetzung neuer Marketingstrategien unterstützt. Ich habe mich in die Bereiche Channel Marketing, Webmarketing und Direktmarketing eingearbeitet. Die Abstimmung der Marketingaktivitäten mit dem Vertrieb habe ich bei der Einführung eines neuen Produktes kennen gelernt. Der Bereich Marketing ist auch mein Studienschwerpunkt gewesen.«

Zeigen Sie Aktivität über das Normalmaß hinaus

Aktivität zeigen: Hochschulabsolventen stellen sich aktiv dar, wenn sie zeigen, was sie über das übliche Maß hinaus gemacht haben, um sich für Aufgaben zu qualifizieren. Die Mitarbeit in Studenteninitiativen, die Bewältigung der Doppelbelastung einer Diplomarbeit in Zusammenarbeit mit einem Unternehmen sowie Erfahrungen aus Werksstudententätigkeiten, Auslandssemestern oder Praktika sind geeignete Beispiele für die Darstellung Ihrer Aktivitäten in der Selbstpräsentation.

Beispiel

Praktikum im Ausland

»Mein erstes Praktikum habe ich in der Handelskammer Hamburg in der Abteilung Außenwirtschaft gemacht. Ich bekam zum Ende meines Praktikums das Angebot, in der neu eröffneten Repräsentanz des Deutschen Industrie- und Handelstages, DIHT, in Minsk in Weißrussland für zwei Monate mitzuarbeiten. Der Aufbau einer Datenbank mit den Angaben der dortigen Wirtschaftsunternehmen war meine Hauptaufgabe. Daneben habe ich die Besuche ausländischer Investoren vorbereitet und ein Besuchsprogramm erstellt.«

Individuelles Profil darstellen: Von Profillosigkeit sprechen die Beobachter immer dann, wenn es Hochschulabsolventen nicht gelingt, aus der Teilnehmergruppe positiv herauszuragen. Wenn alle Teilnehmer auf eine konventionelle Selbstpräsentation zurückgreifen, werden die Unterschiede zwischen den Bewerbern nicht deutlich. Kein Kandidat drängt sich dann als besonders geeignet auf, weil aussagekräftige Profile fehlen.

Aus unserer Erfahrung im Training und in der Beratung von Hochschulabsolventen wissen wir, dass der Fehler der Profillosigkeit in erster Linie auf der mangelnden Ausarbeitung der Selbstpräsentation beruht. Jede Bewerberin und jeder Bewerber hat etwas Besonderes zu bieten, das sie/ihn von den anderen unterscheidet. Es kommt für Sie deshalb darauf an, Ihr individuelles Profil herauszuarbeiten.

Individuelles Profil für zukünftige Human Resources Manager

Beispiel

»In meinem Praktikum in der Personalentwicklung habe ich besonders den Bereich Schulungskonzepte für unterschiedliche Zielgruppen im Unternehmen bearbeitet. Ein Schwerpunkt war dabei die Vorbereitung deutscher Mitarbeiter auf internationale Meetings. In Gesprächen mit den Mitarbeitern habe ich den Weiterbildungsbedarf festgestellt und Impulse für die Ausarbeitung eines Maßnahmenkataloges gegeben.«

Beispiele für soziale und methodische Kompetenz geben: Ziehen Sie sich bei der Darstellung Ihrer sozialen und methodischen Kompetenz nicht auf inhaltsleere Floskeln zurück. Beschreiben Sie stattdessen anhand von konkreten Beispielen, dass Sie in der Lage sind, mit anderen zusammenzuarbeiten und dadurch Ziele zu erreichen. Wenn Sie Beispiele aus der Praxis einsetzen, wird für die Beobachter automatisch deutlich, dass Sie über persönliche Fähigkeiten verfügen.

Soziale und methodische Kompetenz als IT-Berater

Beispiel

»Mein Hochschulinstitut war an der Einführung einer neuen Software in einem mittelständischen Unternehmen beteiligt. Ich habe im Rahmen dieses Projektes die Aufgabe übernommen, die Besonderheiten der einzelnen Arbeitsplätze zu dokumentieren, um so individuelle Konfigurationen vorzubereiten. Den Mitarbeitern im Unternehmen habe ich den Prozess der Softwareumstellung erläutert und sie mit den neuen Möglichkeiten vertraut gemacht.«

Beschreiben statt bewerten: Diese Überzeugungsregel hat außergewöhnlich große Wirkung, wenn sie richtig eingesetzt wird. Einerseits lässt sich damit der Fehler von kontraproduktiver Ehrlichkeit vermeiden. Andererseits schützt Sie diese Überzeugungsregel auch vor übertriebenem Eigenlob. Stellen Sie deshalb Ihre Erfolge ohne jede Bewertung heraus.

Durch Beschreibungen vermeiden Sie Provokationen

Aussagen wie »Meine Professoren waren ziemlich wirklichkeitsfern und das Studium zu theorielastig«, »In meinem Praktikum habe ich die meiste Zeit mit Surfen im Internet verbracht« oder »Das Praktikum hätte ich mir schenken können«, entsprechen oft der Realität. Mit dieser Ehrlichkeit kommen Sie aber bei der Erarbeitung Ihrer Selbstpräsentation nicht weiter. Ihre Ehrlichkeit kann im Bewerbungsverfahren schnell kontraproduktive Wirkungen entfalten. Denn wenn Sie Ihre Professoren, Ihr Studium oder Ihre Praktika abwerten, werten Sie gleichzeitig die von Ihnen erbrachten Leistungen ab. In der kurzen Zeit, die Ihnen zur Selbstdarstellung eingeräumt wird, sollten Sie sich daher auf diejenigen Aspekte in Ihrem Studium und Ihren praktischen Erfahrungen beschränken, die für Ihre berufliche Entwicklung nutzbringend waren.

Vermeiden Sie eine Abwertung Ihrer Leistung

Auch wenn Sie Ihre Fähigkeiten relativieren, leidet der Eindruck, den die Beobachter von Ihnen in der Selbstpräsentation gewinnen. Werten Sie Ihre Leistungen nicht ab nach dem Motto: »Meine Noten sind nicht besser als die der meisten und Praktika bringt schließlich auch jeder mit.« Die Beobachter sind schließlich nicht auf der Suche nach durchschnittlichen Bewerbern, sondern nach Kandidaten mit überdurchschnittlichen Fähigkeiten.

Aber vermeiden Sie auch zu positive Bewertungen Ihrer eigenen Leistungen. Selbst wenn Sie sich sicher sind, den Vorstellungen der Unternehmen von einem High Potential zu entsprechen, so sollten Sie diese Ansicht nicht auf einem Silbertablett vor sich hertragen. Wenn Sie Ihre Kenntnisse und Fähigkeiten über Maßen loben, zwingen Sie die Beobachter regelrecht dazu, die Gegenposition einzunehmen. Dies erzeugt eine skeptische und kritische Grundhaltung Ihnen gegenüber, die man auch im weiteren Verlauf des Assessment-Centers beibehält. Verwenden Sie auf gar keinen Fall Formulierungen wie: »Mein besonderer Einsatz im Praktikum hat mir uneingeschränktes Lob meiner Betreuer eingebracht«, »Dank meiner herausragenden Noten bin ich in der Lage, effektiv und effizient zu arbeiten« oder »Schon im Grundstudium konnten mir die wenigsten Kolloquiumskandidaten das Wasser reichen«.

Mit rein beschreibenden Formulierungen heben Sie sich dagegen überzeugend sowohl von zur Selbstüberschätzung als auch von zur Selbstabwertung neigenden Kandidaten ab. Der Verzicht auf die Thematisierung von Schwierigkeiten, Reibungen und Problemen verhindert, dass das positive Kandidatenbild getrübt wird. Denn geäußerte Kritik fällt immer auf Sie selbst zurück und trifft nicht die Personen oder Umstände, denen Sie die Schuld zuschieben möchten. Beschreiben Sie deshalb immer positiv, Schwierigkeiten und Probleme sollten Sie in Ihrer Selbstpräsentation nicht erwähnen.

Verzichten Sie auf die Thematisierung von Problemen

Gute Miene zum bösen Spiel

Beispiel

»In meinem Praktikum war Eigeninitiative gefragt. Ich konnte meine Aufgabenschwerpunkte selbst definieren und habe dies genutzt, um mich an einzelnen Projekten zu beteiligen. So konnte ich selbstständig Aufgaben erledigen und einen umfassenden Überblick über mein angestrebtes Arbeitsfeld gewinnen.«

Trainieren auch Sie, Ihre Erlebnisse und Erfahrungen aus Ihren Praktika, Aushilfstätigkeiten oder dem Studium ohne Bewertungen zu beschreiben. Dabei hilft Ihnen die Übung »Der Neutralität verpflichtet«.

Der Neutralität verpflichtet

Übung

Üben Sie, die wesentlichen Erfahrungen aus Ihrem bisherigen Werdegang ohne Eigenbewertung darzustellen. Verzichten Sie auf Kritik, Relativierungen oder Selbstanklagen und vermeiden Sie Selbstherrlichkeit. Verwenden Sie Formulierungen wie:

- »Ich habe die Aufgaben eines .... kennen gelernt.«
- »Ich habe an .... teilgenommen.«
- »Ich habe .... gemacht.«
- »Ich habe .... organisiert.«
- »Ich war verantwortlich für .... «
- »Wegen meiner Kenntnisse in .... konnte ich in das Sonderprojekt .... einsteigen.« ....
- »Die Beschäftigung mit .... und .... ermöglichte es mir, auch umfassendere Aufgaben im Bereich .... zu übernehmen.«
- »In meinem Praktikum habe ich .... bearbeitet.«
- »Ich verfüge über Kenntnisse in .... und .... «
- »Ich habe am Projekt .... mitgearbeitet.«
- »Während meines Studiums habe ich als .... gearbeitet und die Aufgaben .... und .... übernommen.«

- »Ich habe als ....
die Bereiche ....und
.... kennen gelernt.«

Bewertungen sind für die Beobachter immer Stolpersteine. Wenn Sie sich und Ihre Leistungen abwerten, werden Sie die Beobachter nicht für sich einnehmen können. Jede Form der übertrieben positiven Bewertung bringt die Beobachter gegen Sie auf und setzt Sie unnötig einer besonders kritischen Prüfung aus. Gewöhnen Sie sich daran, beschreibende Formulierungen ohne eigene Bewertungen einzusetzen, wenn Sie Ihre Erfahrungen und Kenntnisse in Ihrer Selbstpräsentation darstellen.

Beschreibungen bringen Sie weiter

Schlagworte und Schlüsselbegriffe einsetzen: Die Beobachter lassen sich am meisten von Hochschulabsolventen beeindrucken, die sich bereits mit ihrem späteren Berufsfeld intensiv auseinander gesetzt haben. Wenn Sie die Nähe Ihrer praktischen Erfahrungen zur ausgeschriebenen Stelle deutlich machen wollen, müssen Sie die richtigen Schlagworte und Schlüsselbegriffe einsetzen.

Wir alle reagieren auf bestimmte Schlüsselbegriffe und Schlagworte. Um nicht an Informationen zu ersticken, brauchen wir Strukturen, die helfen, Informationen einzuordnen. Dies gilt natürlich auch für die Beobachter im Assessment-Center. Wenn Sie daher Schlüsselbegriffe verwenden, die die Beobachter aus ihrer täglichen Arbeit kennen oder die aktuell in der Branche thematisiert werden, erzielen Sie eine hohe Aufmerksamkeit und können sich der Sympathie der Beobachter sicher sein. Deshalb sind Schlagworte und Schlüsselbegriffe aus dem Tagesgeschäft bei der Ausgestaltung der Selbstpräsentation ein Pluspunkt, mit dem Sie sich Vorteile gegenüber Ihren Mitbewerbern verschaffen können.

Strukturieren Sie Informationen durch Schlüsselbegriffe

Schlagworte und Schlüsselbegriffe herausfinden

Eine Bewerberin, die den Einstieg ins Consulting schaffen möchte, könnte in ihrer Selbstpräsentation auf die folgenden Schlagworte und Schlüsselbegriffe zurückgreifen:

- Analyse von Geschäftsprozessen
- Daten- und Prozessmodellierung
- Optimierung interner Kommunikation
- Optimierung externer Kommunikation
- Entwicklung von Managementstrategien
- Implementierung
- Change Management
- Qualitätssicherung in der Organisation des Kunden
- Ergebnissicherung
- Kosten-Nutzen-Analysen
- Strategische Positionierung

Im nächsten Schritt geht es darum, diese Schlüsselbegriffe und Schlagworte in der Selbstpräsentation einzusetzen. Die stichwortartige Beschreibung von praktischen Erfahrungen durch branchenübliche Schlüsselbegriffe vermittelt den Beobachtern innerhalb kurzer Zeit wichtige Informationen über das Bewerberprofil. Die Bewerberin um eine Position im Consulting hat in unserem Beispiel elf Begriffe gefunden, mit denen sie sich darstellen kann. Diese Begriffe muss sie nun für ihre Selbstpräsentation noch in Satzform bringen.

Schlagwortartige Selbstbeschreibung

»In meinem Praktikum in der Unternehmensberatung Adventure übernahm ich die Daten- und Prozessmodellierung für ein Consultingteam, das an der strategischen Neupositionierung eines Unternehmens arbeitete. Die Abbildung der internen und externen Kommunikation diente der Implementierung neuer Managementstrategien.«

Die prägnante Kurzdarstellung Ihres Profils in zwei bis drei Sätzen ist der beste Weg, um Aufmerksamkeit bei den Beobachtern im Assessment-Center zu erreichen. Nutzen Sie die Möglichkeit, mit geeigneten Schlagworten und Schlüsselbegriffen Interesse an Ihrem Profil zu erwecken. In unserer Übung »Das aussagekräftige Profil« werden Sie sich einen Fundus an Etikettierungen erarbeiten. So können Sie in der Selbstpräsentation mit hoher Informationsdichte für sich werben.

Hohe Informationsdichte spricht für Sie

Das aussagekräftige Profil

Suchen Sie die für Ihr Berufsfeld geeigneten Schlüsselbegriffe und Schlagworte heraus. Sie finden diese wichtigen Schlüsselbegriffe und Schlagworte in Stellenanzeigen, in Fachzeitschriften, im Wirtschaftsteil von Tageszeitungen, in der Wirtschaftspresse und in Stellenausschreibungen im Internet.

Suchen Sie sich zehn Begriffe heraus, die Ihre bisherigen Tätigkeiten knapp und aussagekräftig bezeichnen.
Ihre Schlüsselbegriffe und Schlagworte:

1.	6. ....
2.	7. ....
3.	8. ....
4.	9. ....
5.	10. ....

Formulieren Sie nun drei Sätze mit jeweils zwei bis drei Schlagworten und Schlüsselbegriffen. So erarbeiten Sie sich die Fähigkeit, mit großer Informationsdichte zu kommunizieren.

1. »Ich war verantwortlich für (Schlagwort), (Schlagwort) und (Schlagwort).«
2. »Zu meinen Aufgaben gehörte (Schlagwort), (Schlagwort) und (Schlagwort).«
3. »Ich war an einem Projekt zu (Schlagwort), (Schlagwort) und (Schlagwort) beteiligt.«

Der Einsatz von Schlagworten und Schlüsselbegriffen ist zusammen mit der Überzeugungsregel »Beschreiben statt bewerten« der beste Weg, um unser Schema für die Selbstpräsentation auszufüllen. Im Assessment-Center überzeugen Sie, wenn Sie den Beobachtern klar machen können, dass Sie ins Unternehmen passen. Stellen Sie deshalb Ihre Qualifikationen berufsnah dar und verwenden Sie dabei einen informativen und branchenüblichen Sprachstil.

Eine letzte Kontrolle lohnt sich

Wenn Sie Ihre Selbstpräsentation ausgearbeitet haben, sollten Sie sie noch einmal daraufhin überprüfen, ob Sie die von uns vorgestellten Fehler vermieden haben. Kontrollieren Sie dann, ob Sie unsere Kommunikationstricks in Ihrer Selbstpräsentation ausreichend eingesetzt haben. Überarbeiten Sie gegebenenfalls Ihre Selbstpräsentation so lange, bis Sie alle unsere Vorgaben berücksichtigt haben. Diese Mühe wird sich für Sie lohnen.

Der Einsatz der Selbstpräsentation

Wie Sie gesehen haben, ist die Selbstpräsentation eine Übung, die Sie sehr gut zu Hause vorbereiten können. Üben Sie so lange, bis sie richtig sitzt. Damit Sie flexibel auf variierende Aufgabenstellungen im Assessment-Center reagieren können, sollten Sie verschieden lange Versionen Ihrer Selbstpräsentation vorbereiten.

In der Regel bekommen Sie für Ihre Selbstpräsentation eine genaue Zeitvorgabe, die Sie einhalten müssen. Besonders schlecht ist es, wenn Sie es nicht schaffen, die vorgegebene Zeit auszufüllen. Dann stehen Sie vor der Teilnehmergruppe und den Beobachtern als Kandidat dar, der wenig über sich zu sagen hat. Dieser Eindruck ist natürlich ungünstig, schließlich ist das Assessment-Center der Eingangstest für besonders ambitionierten Führungsnachwuchs. Zeigen Sie, dass Sie Ressourcen optimal nutzen können: Verschenken Sie keine Zeit.

Bereiten Sie unterschiedlich lange Versionen vor

Bereiten Sie sich auf diese Situationen vor, indem Sie eine dreiminütige Kurzversion, eine fünfminütige Version und eine zehnminütige ausführliche Version Ihrer Selbstpräsentation ausarbeiten.

In der dreiminütigen Kurzversion geben Sie einen schlagwortartigen Überblick über Ihre Qualifikationen. Diese Version ähnelt der Selbstdarstellung in einem Anschreiben. Es kommt hierbei in erster Linie darauf an, Interesse an Ihren Kenntnissen und Fähigkeiten zu erwecken.

Die fünfminütige Version Ihrer Selbstpräsentation sollte zusätzlich zu den Inhalten der dreiminütigen Version ein oder zwei ausgewählte Beispiele für besondere Erfolge enthalten. Gehen Sie beispielsweise auf Aufgabenstellungen in Ihren Praktika näher ein. Sie können auch Ihre Herangehensweise an eine bestimmte Aufgabe darstellen oder erläutern, wie Ihre Arbeitsergebnisse weiter verwertet wurden.

Gehen Sie näher auf Ihre berufliche Entwicklung ein

In der zehnminütigen Version liefern Sie nicht nur ein oder zwei ausgewählte Beispiele, sondern stellen Ihren Werdegang ausführlich dar. In dieser Version können Sie auch näher auf Ihr Studium, besonderes Engagement außerhalb der Hochschule und Ihre Hobbys eingehen. Achten Sie jedoch darauf, dass Sie sich nicht zu stark auf das Studium oder den Freizeitbereich konzentrieren. Stellen Sie auch in der langen Version Ihrer Selbstpräsentation durch Ihre praktischen Erfahrungen immer wieder den Bezug zur ausgeschriebenen Position her.

Wenn Sie keine Zeitvorgabe bekommen haben, sollten Sie sich bei Ihrer Selbstpräsentation daran orientieren, wie lange die Beobachter – und insbesondere der Moderator – für ihre Selbstdarstellungen zu Beginn des Assessment-Centers gebraucht haben. Stellen sich die Beobachter und der Moderator jeweils etwa fünf Minuten lang vor, so sollten auch Sie eine fünfminütige Selbstpräsentation liefern.

Orientieren Sie sich am Moderator

Wenn Sie sich bei einem international ausgerichteten Unternehmen beworben haben oder bei Unternehmen, deren Geschäftssprache Englisch ist, müssen Sie damit rechnen, dass man von Ihnen eine Zusammenfassung Ihrer Qualifikationen und Ihres Werdeganges in Englisch verlangt. Bereiten Sie für diese Fälle auch eine englische Version Ihrer Selbstpräsentation vor.

Setzen Sie nach Möglichkeit bei Ihrer Selbstpräsentation auch Medien ein. Gut geeignet ist das Flipchart oder das Whiteboard. Schreiben Sie Ihren Namen an. Überlegen Sie sich, wie Sie Ihren Werdegang visualisieren könnten. Eine »Karrieretreppe« auf dem Flipchart wäre zum Beispiel eine Möglichkeit, die von Ihnen bisher durchgeführten Praktika und Ihr Grund- und Hauptstudium nicht nur mit Worten, sondern auch bildhaft miteinander zu verknüpfen. Auf die höchste Stufe dieser Treppe könnten Sie die angestrebte Einstiegsposition schreiben, auf die davor liegende Stufe ein passendes Praktikum.

Unterstützen Sie Ihren Vortrag visuell

Die Bezeichnung Ihres Studienganges hätte auf der ersten Stufe Platz. So wäre für die Beobachter der rote Faden in Ihrer bisherigen Entwicklung auch visuell nachvollziehbar. Auch die Beobachter sind empfänglich für die Macht visueller Eindrücke. Skizzen, Notizen oder Symbole am Flipchart oder dem Whiteboard unterstützen Ihre mündlichen Ausführungen. Damit bleiben Sie nachhaltig in Erinnerung.

Noch ein Hinweis: Jedes Assessment-Center beginnt mit einer Vorstellungsrunde, auch wenn sie nicht immer mit »Selbstpräsentation« betitelt ist. Die konkrete Aufgabenstellung kann auch lauten: »Stellen Sie sich kurz vor«, »Erzählen Sie den Teilnehmern etwas über sich«, »Begründen Sie, warum man Sie zu diesem Assessment-Center eingeladen hat«, »Warum wollen Sie in unserem Unternehmen tätig werden?« oder auch »Was macht Sie für die ausgeschriebene Position geeignet?« Diese Eingangsaufgabe werden Sie erfolgreich lösen können, wenn Sie sich intensiv anhand unserer Ausführungen vorbereitet haben.

Auf einen Blick

Selbstpräsentation

Im Blick

- Die Selbstpräsentation steht üblicherweise am Anfang von Assessment-Centern.
- Der erste Eindruck von Kandidatinnen und Kandidaten hat einen herausragenden Einfluss auf die Gesamtbewertung durch die Beobachter.
- Kandidaten mit einer überzeugenden Selbstpräsentation erarbeiten sich einen Sympathiebonus und nutzen Halo-Effekte für den weiteren Verlauf des Assessment-Centers.
- Ihre Selbstpräsentation ist die komprimierte Darstellung Ihrer Qualifikationen. Nutzen Sie für Ihre Selbstpräsentation im Assessment-Center unser vierstufiges Schema:
  1. Stellen Sie Ihre erste Berufserfahrung aus Praktika, Projektarbeit, Werksstudententätigkeiten oder aus der Diplomarbeit an den Anfang Ihrer Selbstpräsentation.
  2. Heben Sie die Tätigkeiten hervor, die einen Bezug zur Einstiegsposition haben.
  3. Erläutern Sie Ihre Schwerpunktbildung im Studium. Machen Sie klar, welche Zusatzqualifikationen Sie mitbringen.
  4. Liefern Sie eine Schlusszusammenfassung. Stellen Sie noch einmal schlagwortartig Ihre Qualifikationen dar.

- Vermeiden Sie bei Ihrer Selbstpräsentation die Fehler mangelndes individuelles Profil, Selbstanklage, Leerfloskeln, Schuldzuweisungen und Freizeitorientierung.
- Stellen Sie sich in der Selbstpräsentation aktiv, zupackend und leistungsorientiert dar. Nutzen Sie diese Kommunikationstricks:
  - auf fachliche Anforderungen eingehen
  - Aktivität zeigen
  - individuelles Profil darstellen
  - Beispiele für soziale und methodische Kompetenz geben
  - beschreiben statt bewerten
  - Schlagworte und Schlüsselbegriffe einsetzen
- Arbeiten Sie Ihre Selbstpräsentation vor dem Assessment-Center aus und üben Sie sie ein.
- Entwickeln Sie unterschiedlich lange Versionen Ihrer Selbstpräsentation, um auf Zeitvorgaben flexibel reagieren zu können.

6

Heimliche Übungen

Im Assessment-Center stehen Sie auch dann unter Beobachtung, wenn Sie dies gar nicht erwarten. Ihr Verhalten gegenüber den anderen Kandidaten vor dem offiziellen Beginn und zwischen den Übungen wird jedoch genauso registriert wie Ihr Auftritt in der Kaffee- oder Mittagspause. Vergessen Sie nie, dass Sie die gesamte Zeit unter Beobachtung stehen. Wenn die Beobachter zwischen den Übungen den Kontakt zu Ihnen suchen, sollten Sie auch auf diese informellen Gespräche gut vorbereitet sein und sich richtig in Szene setzen können. Auch am Ende des Assessment-Centers dürfen Sie Erreichtes nicht leichtfertig verspielen.

Mit der Selbstpräsentation liegt die erste Übung hinter Ihnen, Sie haben sich damit vor Beginn der nächsten Übung eine Pause verdient. Eine Pause im Assessment-Center bedeutet allerdings nicht, dass Sie nun abschalten und sich erholen können. Bleiben Sie die ganze Zeit konzentriert und behalten Sie die Erwartungen der Beobachter im Blick.

Inoffizielle Testsituationen

Beobachter suchen das Gespräch

Fast immer gehen die Beobachter in den Pausen auf Kandidaten zu und suchen das Gespräch. Typischerweise geschieht dies, nachdem die ersten Übungen stattgefunden haben. Die Beobachter haben dann schon ein erstes Bild von den Teilnehmern gewonnen und gehen von sich aus auf Kandidaten zu, die sie als besonders interessant einschätzen.

Den ersten guten Eindruck vom Kandidaten möchten sich die Beobachter dann in einem persönlichen Gespräch bestätigen lassen. Hier sollten Sie vorsichtig sein: Wenn das Gespräch stark von der vorgefassten Meinung der Beobachter abweicht, kann ihre gute Meinung vom Kandidaten sehr schnell kippen.

Small Talk verstärkt Sympathie

Bei diesen Pausengesprächen geht es vorrangig um lockeren Small Talk und darum, die gegenseitige Sympathie zu verstärken. Deshalb sollten Sie auf die Gesprächsvorgaben des Beobachters reagieren. Interessiert er sich für Ihre Praktika, für die Hochschule, an der Sie studiert haben, Ihre Karrierewünsche oder möchte er mit Ihnen über aktuelle Themen und Entwicklungen der Branche fachsimpeln? Eine gut ausgearbeitete Selbstpräsentation hilft Ihnen auch hier weiter. Zeigen Sie sich zupackend, aktiv und engagiert. Dies gilt für berufsbezogene Fragen genauso wie für Fragen zu Ihrer Freizeitgestaltung.

Manche Beobachter wollen sich auch ein Bild von Ihnen abseits der harten Bewerbungsfakten machen und interessieren sich für alles, was Sie bewegt und begeistert. In diesem Fall sollten Sie das Gespräch aktiv gestalten. Sie können sich schon im Vorfeld darauf vorbereiten, indem Sie sich geeignete Themen überlegen, mit denen Sie ein solches Gespräch in Schwung halten können.

Platz für Hobbys

Hier wäre beispielsweise einmal Platz für Ihre Hobbys. Achten Sie aber immer darauf, ob der Beobachter auf Ihre Themen anspringt. Nicht alle Führungskräfte spielen Golf oder lassen sich durch Extremsportarten wie Fallschirmspringen, Drachenfliegen oder Bungee-Jumping beeindrucken. Gefährlich wird es, wenn Sie »schwierige Themen« in Pausengesprächen anschneiden. Dies geschieht leider oft, weil in den Pausen von vielen Teilnehmern der Druck abfällt, sie sich in der Folge weniger gut beherrschen und kontrollieren und sich einfach Luft machen wollen.

Beratung

Aus unserer Beratungspraxis

Der kluge Absolvent

In einem Karriereworkshop schaffte es ein Kandidat nicht, seine guten Leistungen in den ersten Übungen über die Gesamtzeit zu bringen. Mit seiner Selbstpräsentation hatte er sich positiv von den anderen Kandidaten abgehoben. Auch in der Diskussionsrunde hatte er überzeugen können. Das bisher gute Auftreten veranlasste einen Beobachter dazu, in der Kaffeepause das Gespräch mit dem Kandidaten zu suchen.

Der Beobachter, ein Abteilungsleiter aus dem Marketing, begann das Gespräch mit einem Hinweis auf eine aktuell laufende Marketingkampagne, zu der auch Werbespots im Fernsehen gehörten. Als Replik bekam er vom Kandidaten zu hören, dass dessen Marketingprofessor an der Universität die laufende Kampagne in seinen Seminaren analysiert und viele Fehler gefunden hätte. Auch der Kandidat bekannte sich dazu, die Werbemaßnahmen eher kritisch zu sehen. Der Beobachter wurde zunehmend stiller und begann mürrisch dreinzublicken. Dies hielt den Kandidaten jedoch nicht von der Bemerkung ab: »Na ja, wenn Sie sich für mich entscheiden, werde ich Ihnen schon dabei helfen, wieder fundierte wissenschaftliche Aspekte ins Marketing zu integrieren.«

Dieser Beobachter war jedoch entscheidend für die Kampagne verantwortlich gewesen. Deshalb war sein Verhältnis zu dem Kandidaten ab diesem Zeitpunkt deutlich getrübt. In der späteren Kandidatenbewertung wurde deutlich, dass der Beobachter die Leistungen des Kandidaten nach dem Pausengespräch schlechter bewertete. Die guten Ergebnisse aus den beiden ersten Übungen versuchte er nach Kräften in der Auswertungskonferenz zu relativieren.

Fazit: Kritik an Maßnahmen des Unternehmens ist im gesamten Bewerbungsverfahren äußerst ungeschickt. Dies gilt sowohl für Kritik an den eingesetzten Auswahlinstrumenten als auch für die Herabwürdigung von Leistungen des Unternehmens. Hochschulabsolventen, die zu verstehen geben, dass sie nach ihrem Einstieg im Unternehmen am liebsten alles verändern möchten, geben bei den Beobachtern Anlass zur Befürchtung, sich einen Störenfried ins Unternehmen zu holen. Außerdem bewirkt die Selbstüberschätzung von Kandidaten bei den Beobachtern auch immer Antipathie und Ablehnung.

Sie stehen durchgehend unter Beobachtung

Vergessen Sie deshalb nie, dass Sie im Assessment-Center die gesamte Zeit unter Beobachtung stehen. Der Aufmerksamkeit der Beobachter sind Sie nicht nur in den einzelnen Übungen, sondern auch vor dem offiziellen Beginn, während der Unternehmenspräsentation, zwischen den Übungen und am Ende des Assessment-Centers ausgesetzt.

Diese vier Phasen bezeichnen wir als »heimliche Übungen«. Schon manche Kandidatin und mancher Kandidat hat während dieser Phasen Punkte gutmachen können. Andere haben mit unbedarften Äußerungen oder durch Alkoholgenuss in der Mittagspause ihren eigenen Untergang eingeleitet. Damit Sie es besser machen, geben wir Ihnen einen Einblick in die Fallen, die bei den heimlichen Übungen auf Sie warten.

Anfangsphase

Wenn man Sie zu Beginn des Assessment-Centers warten lässt, kann das natürlich auch an Organisationsproblemen oder dem Zeitmanagement der Beobachter liegen. Aber gelegentlich wird schon vor dem eigentlichen Start ein Test zu Ihrem Sozialverhalten durchgeführt.

Der Zweck von Wartesituationen

Manche Unternehmen wollen sehen, wie Sie reagieren, wenn Sie unvorbereitet auf eine Zeitfalle stoßen: Rennen Sie vor Aufregung alle drei Minuten zum Empfang und fragen, wann es endlich losgeht? Stehen Sie grummelnd in der Ecke und sehen aus dem Fenster? Rauchen Sie womöglich Kette? Oder fangen Sie ein Gespräch mit anderen Kandidaten an?

Gerade bei Assessment-Centern, die auf Positionen mit Kundenkontakt abzielen, beispielsweise Vertrieb, Beratung oder Marketing, passiert es gar nicht selten, dass Sie bewusst einer Wartezeit ausgesetzt werden. Dies ist auch im späteren Berufsalltag nicht unüblich, und deshalb ist es aus Unternehmenssicht interessant festzustellen, wie Sie auf einen ungewollten Zeitüberschuss reagieren.

Die Wartezeit zu Anfang des Assessment-Centers ist gut geeignet, um die Diskrepanz zwischen der Selbstbeschreibung der Kandidaten und ihrem tatsächlichen Verhalten herauszufinden. Denn jeder Bewerber wird sich als kommunikationsfähig, kontaktfreudig und belastbar dargestellt haben. Das tatsächliche Verhalten in der Wartezeit wird auf jeden Fall Unterschiede der Verhaltensweisen an den Tag bringen.

Wartezimmeratmosphäre im Assessment-Center

Eine Wartezimmeratmosphäre ergibt sich aber vor dem offiziellen Beginn automatisch. Die Teilnehmer kommen einer nach dem anderen, setzen sich hin, vermeiden den Augenkontakt zueinander und reden, wenn überhaupt, im Flüsterton miteinander. Dabei gibt es schon hier eine gute Chance, sich in Szene zu setzen und deutlich zu machen, dass für Sie soziale Kompetenz nicht nur ein Schlagwort ist. Wenn Sie schon am Anfang auf die anderen Kandidaten zugehen, machen Sie Ihre Kontaktfähigkeit deutlich. Sie zeigen Ihre Kommunikationsfähigkeit, wenn Sie auch in der angespannten Atmosphäre einen lockeren Small Talk mit den anderen Kandidaten beginnen können.

Schon jetzt, vor dem eigentlichen Übungsteil des Assessment-Centers, können Sie Ihr späteres Abschneiden beeinflussen. In manchen Unternehmen registrieren die Beobachter schon Ihr Verhalten in der Wartezeit. Auf heimliche Kameraaufnahmen wird zwar verzichtet, aber oftmals setzt sich der Moderator oder die Moderatorin unerkannt in die Gruppe der Wartenden und erfasst die Situation.

Die persönliche Ansprache bringt Pluspunkte

Punkten Sie deshalb schon vor dem offiziellen Beginn. Gehen Sie auf die anderen Kandidaten zu. Stellen Sie sich kurz mit Ihrem Namen vor. Versuchen Sie auch, sich die Namen der anderen Kandidaten zu merken. Wenn Sie in der späteren Gruppendiskussion andere Teilnehmer mit Namen ansprechen können, wird dies als überzeugender Beleg für Ihre soziale Kompetenz registriert und positiv aufgenommen.

Probieren Sie selbst einmal aus, welche Wirkungen sich beim Angesprochenen einstellen, wenn Sie in einer Diskussion die Formulierung »wie dort hinten angemerkt wurde ...« benutzen oder wenn Sie stattdessen »wie Frau König bereits ausgeführt hat ...« verwenden. Wir alle reagieren stärker, wenn wir direkt mit unserem Namen angesprochen werden. Diese Vorgehensweise zeigt Ihre kommunikative Kompetenz.

Schreiben Sie ruhig die Namen der anderen Teilnehmer auf ein kleines Blatt Papier, dann können Sie sich die Namen später schnell vergegenwärtigen. Aber gehen Sie hier diskret vor. Stellen Sie sich nach den ersten Kontakten etwas abseits und machen Sie kurze Notizen.

Nutzen Sie Ihren Wissensvorsprung

Wenn Sie die Namen erfahren haben und die Wartezeit noch andauert, können Sie sich darüber hinaus noch erkundigen, was ausgewählte Teilnehmerinnen und Teilnehmer studiert haben. Dieser Tipp für Fortgeschrittene eröffnet Ihnen Chancen bei den weiteren Übungen. Sie könnten dann in der Gruppendiskussion beispielsweise darauf hinweisen, dass Sie sich »genauso wie Frau König besonders mit Fragen der Unternehmensorganisation auseinander gesetzt haben«. Auf diese

Weise gelten Sie schnell als der kommunikative Moderator und werden zum informellen Meinungsführer. Diese Position bringt Sie nicht nur im Assessment-Center weiter.

Das Unternehmen stellt sich vor

Nicht nur Sie stellen sich im Assessment-Center dem Unternehmen vor, auch das Unternehmen wird Ihnen präsentiert. Vom Moderator wird Ihnen der Ablauf des Assessment-Centers beschrieben werden, und die einzelnen Beobachter werden sich Ihnen vorstellen. Der Umfang der Informationen, die Sie zum Unternehmen und zu den Einstiegsmöglichkeiten erhalten, kann variieren. Einige Unternehmen werden sich Ihnen ausführlich präsentieren und auch auf die vorgesehenen Einarbeitungsprogramme und Karrierewege eingehen. Andere Unternehmen werden Ihnen nur grundlegende Informationen zur Unternehmensgröße, Mitarbeiterzahl, Produktpalette et cetera geben.

Vorstellung der Beobachter

Wenn Sie im Anschluss an die Unternehmenspräsentation aufgefordert werden, eigene Fragen zu stellen, sollten Sie strategisch vorgehen. Wichtig ist, dass Sie zu erkennen geben, dass Sie sich mit dem Unternehmen schon im Vorfeld Ihrer Bewerbung intensiv auseinander gesetzt und dass Sie klare Karrierevorstellungen entwickelt haben. Aufforderungen wie »Stellen Sie bitte jetzt Ihre Fragen, wir geben Ihnen gerne Auskunft über alles, was Sie interessiert« sollten Sie nicht zu wörtlich nehmen. Fragen, die zeigen, dass Sie uninformiert ins Assessment-Center gegangen sind, können Sie durchaus abqualifizieren. Fragen zur konkreten Ausgestaltung von Arbeitsverträgen, zur Abgeltung von Überstunden, zu Urlaubsansprüchen oder zur Hilfe bei der Wohnungssuche sollten Sie an dieser Stelle unterlassen. Stellen Sie auch auf keinen Fall Fragen, die Sie sich mit einer Durchsicht des zugesandten Informationsmaterials hätten selbst beantworten können.

Stellen Sie qualifizierte Fragen

Üblicherweise wird die Aufforderung, Fragen zu stellen, von vielen Kandidaten mit Schweigen quittiert. Die allgemeine Anspannung führt dazu, dass die Unternehmenspräsentation einfach hingenommen wird und die Kandidaten in Gedanken schon bei den Übungen sind, die sie im Anschluss erwarten. Aber mit einer interessanten Frage können Sie schon jetzt die Aufmerksamkeit der Beobachter auf sich ziehen. Denn damit zeigen Sie, dass selbst die Anfangsnervosität und der damit verbundene Stress nicht Ihre analytischen Fähigkeiten beeinträchtigt und dass Sie interessiert und wissbegierig sind.

Bereiten Sie sinnvolle Fragen vor

Trotz aller Fallen, in die Sie mit Ihren Fragen hineintappen können, sollten Sie nicht darauf verzichten, eigene Fragen zu stellen. Ihre Fragen sollten überlegt und qualifiziert sein und mit Ihrem angestrebten Einstieg ins Unternehmen zu tun haben. Zeigen Sie, dass Sie sich im Vorfeld informiert haben und Ihre berufliche Entwicklung gründlich durchdacht haben.

Beispiel

Richtig gefragt

Eine sinnvolle Frage von Hochschulabsolventen wäre: »Unter den von Ihnen angebotenen Möglichkeiten der Spezialisierung während des Traineeprogramms interessiert mich besonders die zentrale Unternehmensplanung. Sind auch schon während des Traineeprogramms Auslandsaufenthalte eingeplant? Oder ergeben sich Möglichkeiten für internationale Einsätze erst später?«

Damit Sie nicht erst in der Veranstaltung nach einer geeigneten Frage suchen müssen, sollten Sie zwei oder drei Fragen vorbereiten. Nutzen Sie dazu unsere Übung »Sinnvolle Fragen«.

Sinnvolle Fragen

Übung

Sichten Sie das zugesandte Informationsmaterial, recherchieren Sie im Internet auf der Homepage des Unternehmens oder sichten Sie Datenbanken, die von vielen Jobbörsen angeboten werden. Stellen Sie fest, welche Informationen Anknüpfungspunkte für sinnvolle Fragen bieten. Formulieren Sie dann drei Fragen aus.

Ihre Fragen

1. ....
2. ....
3. ....

Kaffee- und Mittagspausen

»Darf beim Rinderfilet an Sauce Bordelaise mit gefüllten Zucchinischiffchen und Waffelkartoffeln die Mikro-Salat-Garnitur mit verspeist werden?« Diese Frage steht entgegen mancher Erwartungen nicht im Mittelpunkt der heimlichen Übung Mittagspause. Dass Sie Bestecke von außen nach innen benutzen und nicht lauthals »Bedienung!« rufen, dürfte Ihnen klar sein, auch dass Sie Ihr Handy bei Tisch abstellen. Allgemeine grundlegende Tischmanieren setzen wir bei Ihnen voraus.

Nutzen Sie die Kunst der positiven Kommunikation

Wichtiger in diesem Zusammenhang ist die richtige Kommunikation mit den anderen Teilnehmern und den Beobachtern während der Umbaupausen, der Kaffeepausen und dem Mittagessen. Fangen Sie nicht an, über »das Theaterspiel der Selbstdarsteller« herzuziehen oder die »Psychospielchen der Personaler« laut abzuwerten. Politik, Religion und Sex sind ebenfalls keine geeigneten Themen, entspannte Gespräche in Gang zu bringen. Üben Sie sich in der Kunst der positiven

Kommunikation, loben Sie beispielsweise die Räumlichkeiten oder heben Sie die freundliche Begrüßung hervor.

Small-Talk-Themen sollten unverfänglich sein

Die Beobachter suchen während der Pausen das informelle Gespräch mit Ihnen. Beachten Sie hierbei, dass die Beobachter weder Ihre Feinde noch Ihre Freunde sind. Knappe und einsilbige Äußerungen, um nicht zu viele Informationen preiszugeben, sind dafür ebenso wenig geeignet wie Indiskretionen über die Praktikumsfirma. Konfrontieren Sie die Beobachter auch nicht mit überzogenen Karriereallüren. Dann wird vermutet, dass Sie Unruhe ins Unternehmen bringen und als Nächstes am Stuhl des Beobachters sägen werden. Beim Einstellungsritual von Hochschulabsolventen suchen die Unternehmen den anpassungsfähigen und leistungsbereiten Kletterer auf der Karriereleiter.

Bevorzugen Sie deshalb allgemeine und unverfängliche Themen, oder fragen Sie die Beobachter nach deren Lebensweg. Entscheidungsträger aus Unternehmen reden auch gerne einmal über sich. Vielleicht finden Sie ja auch Gemeinsamkeiten, wie Vereinsengagement, Hobbys oder Studienort, an die Sie im Gespräch anknüpfen können. Sympathiepunkte werden auch in den Pausen vergeben. Abgesehen von Ihrer Reaktion auf die Vorgaben der Beobachter sollten Sie auch selbst Themen vorbereiten, mit denen Sie die Kommunikation in Schwung halten können. Unser Beispiel zeigt Ihnen, auf welche Themen Sie zurückgreifen könnten.

Beispiel

Gesprächsthemen für Pausen

Erstes Thema: Aktuelle Börsentrends

Zweites Thema: Ehrenamtliches Engagement im örtlichen Sportverein

Drittes Thema: Sportliche Aktivitäten während der Studienzeit

Überlegen Sie sich Ihre Themen für Pausengespräche schon in Ihrer Vorbereitung. Orientieren Sie sich an unserem Beispiel und machen Sie dazu die Übung »Pausengespräche«. Erarbeiten Sie sich Small-Talk-Themen, damit Sie Ihre Pausengespräche mit Beobachtern positiv beeinflussen und Sympathiepunkte sammeln können.

Pausengespräche

Übung

Bereiten Sie sich auf Small Talk in den Pausen vor, indem Sie sich bereits jetzt drei Themen überlegen, die positiv besetzt, unverfänglich und allgemein genug sind, sodass jeder mit Interesse mitreden kann. Achten Sie darauf, dass Sie Politik, Religion und Sex aussparen; Ihre Themen sollten keinen Streit provozieren und niemanden verletzen.

Ihre Small-Talk-Themen

1. ....
2. ....
3. ....

Halten Sie sich beim Alkoholgenuss zurück

Besonders vorsichtig sollten Sie in den Pausen im Umgang mit Alkohol sein. Beispielsweise begann ein Assessment-Center einer großen deutschen Bank mit einem Begrüßungscocktail, es folgten ein Aperitif zum Mittagessen, zwei Glas Wein zum Hauptmenü und danach der Digestif. Solche Angebote sollten Sie unbedingt ausschlagen.

Viele Teilnehmer vergessen leider, dass sie sich nicht auf einem Betriebsfest befinden. Dort ist Mittrinken akzeptiert. In Prüfungssituationen führt Alkoholgenuss leider nur dazu, dass Ihre Stressreaktionen deutlicher ausfallen. Sie bekommen leicht rote Flecken, Sie schwitzen schneller und Ihre Konzentration leidet. Wenn Sie später Übungen vor der Gruppe absolvieren, beispielsweise eine Themenpräsentation, weiß keiner der Beobachter, ob die Hektikflecken »nur« wegen des Alkoholgenusses auftreten oder ob Sie allgemein wenig belastbar sind. Als Konsequenz erhalten Sie eine schlechte Bewertung durch die Beobachter.

Rechnen Sie auch damit, dass man Sie in lockerer Atmosphäre bei Tisch eher aus der Reserve locken kann. Bedenken Sie immer, dass Sie sich in einer Prüfungssituation befinden, auch wenn Sie »nur« essen und trinken. Versuchen Sie deshalb, Ihre Anspannung zu lockern, ohne sich gehen zu lassen oder sich zu unüberlegten Reaktionen hinreißen zu lassen. Bleiben Sie auch hier souverän.

Beratung

Aus unserer Beratungspraxis

Die Lotto-Frage

Manche Beobachter versuchen bewusst, Sie in lockerer Atmosphäre aus der Reserve zu locken. Wir wissen, dass beispielsweise die »Lotto-Frage« schon viele Teilnehmer aus der Fassung gebracht hat. Die in der Mittagspause nebenbei eingestreute Frage »Was würden Sie machen, wenn Sie sechs Richtige im Lotto hätten?«, hat bis auf eine Führungskraft bisher alle Kandidaten das Gleichgewicht verlieren lassen. Das Antwortspektrum reichte von »Dann hätten die mich hier die längste Zeit gesehen« bis hin zu »Ich würde dem Chef auf den Tisch schei...«. Sie wollen wissen, was der Einzige, der nicht die Fassung verloren hatte, geantwortet hat? Mit einem charmanten Lächeln gab er von sich: »Ich würde mich finanziell am Unternehmen beteiligen!«

Fazit: Wer sich souverän aus der Affäre ziehen kann, wird eher akzeptiert als derjenige, der seine zukünftigen Chefs mit der Wahrheit vor den Kopf stößt.

Bleiben Sie souverän

Sie müssen Pausengespräche genauso gut bewältigen können wie die eigentlichen Übungen. Das Bild, das sich die Beobachter während der gesamten Durchführung von Ihnen machen, wird von Ihrem Verhalten in den Pausen auf jeden Fall mitbestimmt.

Schlussphase

Eine ganze Serie von anstrengenden Übungen liegt hinter Ihnen. Alle offiziellen Übungen sind gelaufen, jedoch steht Ihnen zum Abschluss noch eine heimliche Übung bevor: die Schlussrunde des Assessment-Centers. Diese Phase wird auch oft als »Ausklang«, »Reflexionsrunde« oder »Schlussplenum« bezeichnet. Zum letzten Mal in dieser Veranstaltung treffen sich die Beobachter, die Moderatoren und die Kandidaten und haben die Gelegenheit zum Gespräch miteinander.

Weitere Punkte sammeln

Die Entscheidung darüber, wen das Unternehmen einstellt, ist zu diesem Zeitpunkt meist noch nicht gefallen. Sicherlich bevorzugen die Beobachter bereits einzelne Kandidaten, eine endgültige Entscheidung wird aber erst nach dem Assessment-Center in der Beobachterrunde getroffen.

Sie sollten in der Schlussrunde des Assessment-Centers weiter Punkte sammeln, da drei wichtige Aspekte aus der Einstellungspraxis der Unternehmen noch ihre Wirkung für Sie entfalten können.

Zum Ersten sind die Zeiträume bis zur Einstellung oft so lang, dass Kandidaten abspringen, weil sie die Möglichkeit haben, vorher bei einem anderen Unternehmen einen Arbeitsvertrag zu unterzeichnen. In diesem Fall wird auf die anderen Kandidaten des Assessment-Centers zurückgegriffen. Wir erleben auch häufig, dass nur wenige Bewerber übrig bleiben, weil viele Kandidaten mit ihrer Bewerbung nur ihren Marktwert testen wollten. Die aussichtsreichsten Kandidaten entscheiden sich dann trotz positiven Unternehmensbescheides für ein in ihren Augen attraktiveres Unternehmen. Dieser Nachteil für die Unternehmen verwandelt sich für manche Kandidaten zum Vorteil, da sie in der Rangliste nachrücken.

Kandidaten mit Wahlmöglichkeiten

Zum Zweiten sind Assessment-Center für Hochschulabsolventen ein so zeitaufwändiges und kostenintensives Verfahren, dass viele große Unternehmen bei der Sichtung von Kandidaten mehr als eine Position besetzen wollen. Kandidaten mit Potenzial können durchaus auch für andere offene Stellen interessant sein. Die verdeckte und inoffizielle Personalsichtung nach dem Motto: »Wenn die Bewerber schon einmal den ganzen Tag da sind …« kann durchaus zu dem Angebot einer alternativen Karrieremöglichkeit führen.

Bei der Sichtung von Kandidaten für ein Trainee-Programm behalten einige Unternehmen durchaus auch Positionen für den Direkteinstieg im Blick. Auch wer nicht für das Trainee-Programm ausgewählt wird, kann trotzdem die Chance zum Direkteinstieg erhalten. Verspielen Sie sich nicht die Möglichkeit, andere interessante Positionen angeboten zu bekommen.

Beobachter suchen die Bestätigung ihrer Meinung

Zum Dritten handeln viele Beobachter in der Schlussrunde nach dem Modell der kognitiven Dissonanzvermeidung. Dies besagt, dass wir, nachdem wir eine Entscheidung getroffen haben, zusätzliche Fakten heranziehen, um uns die Richtigkeit unserer Entscheidung zu bestätigen. So wird beispielsweise Werbung oft von den Konsumenten angeschaut, die das umworbene Produkt bereits erstanden haben und sich nun noch einmal die Richtigkeit ihrer Entscheidung bestärken lassen möchten.

Für Sie bedeutet dies, dass sich die Beobachter ihre Meinung über Sie in der Schlussrunde durch Zusatzinformationen noch einmal bestätigen möchten. Bedenken Sie hierbei immer, dass die endgültige Entscheidung am Ende des Assessment-Centers noch nicht getroffen ist. Die Beobachter diskutieren ihre Empfehlungen oft noch in den folgenden Tagen, und Sie können sich sicher sein, dass dabei auch ihr letzter Eindruck zählt. Dies heißt für Sie, auch in der Schlussrunde weiter positiv auf sich aufmerksam zu machen.

Auch der letzte Eindruck zählt

Wir erleben leider bei unvorbereiteten Teilnehmern in der Schlussrunde häufig ein gegenteiliges Verhalten. Kaum sind die Übungen vorüber, wird die Maske des »Mitspielers« abgesetzt und das gestresste Alltagsgesicht kommt zum Vorschein. Einige Kandidaten vergessen, dass die Gruppendiskussion schon seit mehreren Stunden vorbei ist und diskutieren mit hochrotem Kopf in einer Raumecke weiter. Andere suchen immerhin das Gespräch mit den Beobachtern – allerdings nicht so, wie wir es empfehlen. Vielmehr wollen diese Kandidaten dann haarklein erklären, warum im Rollenspiel die von ihnen gegebenen Antworten die einzig vertretbaren waren oder warum sie im Vorstellungsgespräch unter Stress ganz anders geantwortet hatten, als sie wollten.

Vermeiden Sie Kritik am Auswahlverfahren

Wenig beliebt sind Kandidaten, die in der Schlussrunde anfangen, sich bei den Moderatoren über falsche Vorgaben in den mündlichen und schriftlichen Einführungen zu den einzelnen Übungen zu beschweren. Diese Kandidaten wollen die Moderatoren davon überzeugen, dass ihr vermeintliches oder tatsächliches schlechtes Abschneiden auf Missverständnissen beruht, die sie nicht zu verantworten haben. Sie vergessen jedoch, dass ein zukünftiger Mitarbeiter, der nicht zu getroffenen Entscheidungen steht und zuallererst die Fehler bei den anderen sucht, der Albtraum aller Vorgesetzten ist.

Wie machen Sie es besser? Die Schlussrunde ist meist so gestaltet, dass es sowohl ein Plenum als auch die Möglichkeit zum Gespräch in kleineren Gruppen gibt.

Im Plenum haben Sie die Möglichkeit, Anmerkungen und Feedback zum Tagesablauf und damit zum Assessment-Center zu geben. Die eben geschilderten negativen Rückmeldungen sollten Sie unterlassen. Sie als potenzielle Führungskraft sollten wissen, dass konstruktive Kritik, die auf tatsächliche Veränderung zielen soll, immer sachlich und unter vier Augen geäußert werden muss. Deshalb halten Sie sich im Plenum mit kritischen Anmerkungen zurück und heben Sie stattdessen positive Aspekte des erlebten Assessment-Centers hervor. Loben Sie im Plenum den gut geplanten Tagesablauf oder die Möglichkeit des direkten Vergleichs mit Ihren Mitbewerbern. Erklären Sie, dass das Assessment-Center Ihnen neue Erfahrungen und Einblicke verschafft hat, von denen Sie sicherlich noch einige Zeit profitieren werden.

Loben Sie positive Aspekte

Im Gespräch in kleiner Gruppe sollten Sie nach Möglichkeit aktiv den Kontakt zu denjenigen Beobachtern suchen, die sich schon in den vorhergehenden Pausen für Sie interessiert haben. Wenn Sie von den Beobachtern kurze Feedback-Meldungen über Ihr Abschneiden in einzelnen Übungen erhalten, sollten Sie – unabhängig davon, ob das Feedback positiv oder negativ ist – zunächst nur zuhören. Kommentieren Sie die Anmerkungen nicht und beginnen Sie auf gar keinen Fall eine Diskussion mit den Beobachtern. Die Übungen sind vorüber, tappen Sie nicht in die Falle, im Nachhinein noch Änderungen erzwingen zu wollen.

Zeigen Sie nochmals Ihr Interesse am Unternehmen

Wenn Sie die Gelegenheit dazu haben, machen Sie den Beobachtern im Gespräch noch einmal klar, welches besondere Interesse Sie am Unternehmen haben und wo Ihre Stärken liegen. Beziehen Sie sich dabei auf die Kernpunkte aus Ihrer Selbstpräsentation. Sie verstärken damit die positive Einschätzung Ihrer Leistungen.

Auf einen Blick

Heimliche Übungen

Im Blick

- Vergessen Sie nie, dass Sie während des gesamten Assessment-Centers unter Beobachtung stehen.
- Zu den heimlichen Übungen im Assessment-Center zählen die Anfangsphase, die Unternehmenspräsentation, die Mittags- und Kaffepausen und die Schlussphase.
- In der Anfangsphase sammeln Sie Pluspunkte, wenn Sie auf die anderen Teilnehmer offen zugehen und sich deren Namen und eventuell ihren Studiengang merken. Damit können Sie in den Übungen Ihre Kommunikationsfähigkeit dokumentieren.
- Nachdem sich das Unternehmen vorgestellt hat, wird den Hochschulabsolventen Platz für Fragen eingeräumt. Beweisen Sie, dass Sie Informationen verarbeiten und die richtigen Schlüsse ziehen können. Stellen Sie Fragen, aus denen deutlich wird, dass Sie sich mit dem Unternehmen und Ihrer zukünftigen beruflichen Entwicklung auseinander gesetzt haben.
- Bleiben Sie souverän, wenn die Beobachter in den Pausen das Gespräch mit Ihnen suchen und betonen Sie Ihr Interesse an dem neuen Unternehmen.
- Bereiten Sie für die Mittagspause drei Small-Talk-Themen vor.
- Vorsicht mit Alkoholgenuss im Assessment-Center: Geselligkeitstrinken ist bei Personalauswahlverfahren nicht akzeptiert.
- Das Assessment-Center endet nicht mit der letzten Übung, sondern läuft weiter bis zur Abschlussrunde. Weil Wunschkandidaten abspringen können, weil die Unternehmen oft zusätzlich eine verdeckte Personalsuche betreiben und weil die Beobachter sich ihre Entscheidung für Kandidaten noch einmal bestätigen wollen, müssen Sie sich auch nach der Durchführung der Übungen positiv in Szene setzen.

7

Gruppendiskussionen

Die Gruppendiskussion ist für die Beobachter eine der ergiebigsten Übungen zur Entscheidungsfindung. Neben der Fähigkeit, sich ein Thema zu erschließen, kommt auch das Vermögen, sich anderen mitzuteilen, zum Einsatz. Erarbeiten Sie sich mit diesem Kapitel die Grundlagen dafür, im direkten Vergleich mit anderen Kandidaten zu punkten. Machen Sie sich mit möglichen Themen, sinnvollen Argumentationstechniken und wirksamen Kommunikationstricks vertraut.

Die wichtigste Übung im Assessment-Center

Die Gruppendiskussion ist eine zentrale Übung im Assessment-Center. Sie ist auch in halb- oder eintägigen Kurzversionen des Assessment-Centers auf jeden Fall enthalten. Zum Teil wird die Gruppendiskussion auch als alleiniges Auswahlverfahren eingesetzt. Die Gruppendiskussion ist diejenige Übung im Assessment-Center, mit der sich die Beobachter ein relativ umfassendes Bild Ihrer sozialen und methodischen Kompetenz im direkten Vergleich mit anderen machen können.

Die zentrale Übung zur Entscheidungsfindung

In der Gruppendiskussion sollen Sie mit den anderen Teilnehmern zusammen ein Thema diskutieren. Üblicherweise wird Ihnen dazu ein Thema vorgegeben und eine Vorbereitungszeit eingeräumt. Die Diskussionsteilnehmer sind in der Regel gleichberechtigt. Das heißt, es gibt normalerweise keinen Moderator, der das Wort erteilt und die Diskussion strukturiert. Meistens besteht die Diskussionsrunde aus vier bis sechs Teilnehmern. Bei Assessment-Centern, in denen eine größere Zahl von Kandidaten gesichtet wird, werden auch zwei oder mehr Diskussionsgruppen gebildet.

Aus unserer Beratungspraxis

Kampfstimmung in der Gruppendiskussion

In einer von uns beobachteten Gruppendiskussion in einem Assessment-Center für Hochschulabsolventen wurde schon zu Beginn schnell deutlich, dass die Diskussion ohne Ergebnis enden würde. Die Teilnehmer hatten in der Vorbereitungszeit nur wenig Notizen angefertigt, und wir waren deshalb gespannt auf die Argumente, die im Verlauf der Diskussion fallen würden.

Nachdem der Moderator die Diskussionsrunde mit einer Zeitvorgabe von 20 Minuten eröffnet hatte, herrschte erst einmal allgemeines Schweigen. Eine Teilnehmerin begann die Diskussion dann mit einem Argument, das sie für das Thema interessant fand. Die Lethargie verschwand aus der Diskussionsrunde, schnell erntete die Kandidatin Widerspruch für ihre Ansicht. Allerdings fand auch der Widerspruch keine allgemeine Zustimmung. Jeder Diskussionsteilnehmer warf jetzt einzelne Argumente in den Raum, und die Diskussionsrunde biss sich an Detailfragen fest. Von den für das Thema interessanten Aspekten war zur Halbzeit der Diskussion erst ein geringer Teil überhaupt genannt worden. Die Detailverliebtheit der Kandidaten zog sich auch durch die zweite

Hälfte der Diskussion. Niemand bemerkte das Verrinnen der Zeit.

Inzwischen hatten sich einige Teilnehmer aus der Diskussion verabschiedet und hingen anscheinend eigenen Gedanken nach. Drei dominante Diskussionsteilnehmer wiederholten beständig ihre bisher vorgebrachten Argumente, konnten sich aber nicht einigen. Der Abbruch der Diskussion durch den Moderator überraschte die Runde. Alle blickten auf ihre Uhren und ein ungläubiges »Oooh, schon zu Ende?« erscholl in der Runde. Wie wir befürchtet hatten, war ein gemeinsames Diskussionsergebnis nicht zustande gekommen.

Fazit: Die Gruppendiskussion wird von den Teilnehmern häufig falsch eingeschätzt. Viele Teilnehmer glauben, dass sie selbst gut dastehen, wenn sie ihre Mitbewerber in die Ecke drängen. Sie verzichten auf eine umfassende Bearbeitung des Themas und versuchen nur, die Meinung der anderen abzuwerten. Wer im Assessment-Center Erfolg haben will, muss sich jedoch positiv in Szene setzen. In der Übung Gruppendiskussion hebt sich derjenige positiv ab, der konsequent auf ein gemeinsames Ergebnis hinarbeitet. Dabei ist es wichtig, genügend eigene Argumente zu bringen, die Diskussion zu strukturieren, Argumente anderer aufzugreifen und den Zeitrahmen im Blick zu behalten.

Bleiben Sie gelassen und konstruktiv

Der direkte Vergleich der Teilnehmerinnen und Teilnehmer führt dazu, dass die Nerven bei den meisten blank liegen. In dieser Situation scheint es dann nur noch darum zu gehen, wer wen am häufigsten unterbricht, wer sich die längsten Wortbeiträge erkämpft oder wer die meisten persönlichen Angriffe startet. Mit diesen destruktiven Fähigkeiten fallen Sie zwar auf – aber in der Regel negativ. In Erscheinung treten müssen Sie dennoch, aber positiv. Sie können bei der Gruppendiskussion nicht darauf warten, dass man schon irgendwann das Wort an Sie richten wird.

Im Team zu einem Ergebnis kommen

Für die Beobachter ist die Gruppendiskussion schon deswegen besonders interessant, weil eine Parallele zu den im Arbeitsalltag häufigen Besprechungen, Konferenzen und Meetings besteht. Auch im beruflichen Alltag gibt es die Spannung zwischen dem Teamgedanken und der Ergebnisorientierung. Um optimale Ergebnisse zu erzielen, müssen die Vorstellungen und Anregungen aller Beteiligten gewürdigt werden. Aber eine reine Aussprache über Ideen und Wünsche genügt nicht: Es muss auch auf ein Ergebnis hingearbeitet werden. Deshalb gehört auch oft die Aufforderung, ein Diskussionsergebnis präsentieren zu können, mit zur Aufgabenstellung der Gruppendiskussion.

Zwei Szenarien sind typisch für Gruppendiskussionen im Assessment-Center: Entweder sind alle nett zueinander, aber es wird kein Ergebnis erzielt. Oder ein oder zwei Teilnehmer reißen die Diskussion an sich, beißen sich aber an Detailfragen fest. Beide Szenarien sind für die Beobachter unbefriedigend.

Häufige Fehler in der Diskussion

Zu oft verläuft die Gruppendiskussion so, dass die Teilnehmer sich an unwichtigen Details festbeißen, Aspekte diskutieren, die mit dem Thema nichts zu tun haben, willkürlich von einem Punkt zum anderen springen, bereits geklärte Punkte zum zweiten Mal durchsprechen und deswegen zu wenig inhaltlicher Input für das eigentliche Thema geleistet wird. Die Diskussionszeit verrinnt dann unerbittlich. Plötzlich ist die Zeit vorbei, aber ein tragfähiges Ergebnis noch lange nicht in Sicht.

Da Zeit nicht nur im Assessment-Center, sondern auch im beruflichen Alltag ein knappes Gut ist, kommt bei den Beobachtern diese Zeitverschwendung schlecht an. Vergessen Sie nicht, dass die Beobachter Führungskräfte sind, die eventuell Ihre Vorgesetzte sein werden. Deshalb wissen sie auch, dass als Konsequenz aus ergebnislosen Meetings im Arbeitsalltag die gesamte Organisation der besprochenen Aufgaben letztendlich von ihnen selbst geleistet werden muss. Die Beobachter werden deshalb keinen Kandidaten auswählen, der für sie eine zusätzliche Belastung darstellen könnte, statt für die gewünschte Entlastung zu sorgen.

Zeit ist ein knappes Gut

Um es vorwegzunehmen: In der Gruppendiskussion überzeugt derjenige, der sich die Moderatorfunktion erarbeitet. Moderator wird, wer sich zum Anwalt des Themas und zum Anwalt der Gruppe macht. Wie das geht und welche sprachlichen Tricks Ihnen dabei helfen, die Moderatorenrolle einzunehmen, erfahren Sie im Abschnitt »Überzeugungsstrategien«.

Zunächst machen wir Sie mit den Themen vertraut, die Sie bei Gruppendiskussionen erwarten. Sie erfahren dann abschließend, dass nicht nur Ihre sprachlichen Fähigkeiten Ihnen helfen, sich in der Gruppendiskussion in Szene zu setzen, sondern dass die Diskussionsteilnehmer und die Beobachter auch auf Ihre körpersprachlichen Signale reagieren. Daher erläutern wir Ihnen, wie Sie Fehler beim Einsatz Ihrer Körpersprache vermeiden und wie Sie mit geschickter nonverbaler Kommunikation in der Gruppendiskussion Punkte sammeln.

Themenstellungen

Diskussionen mit Themenvorgaben

Üblicherweise wird Ihnen in Gruppendiskussionen das Thema vorgegeben. Zumeist werden aktuelle Trends und Entwicklungen aufgegriffen, bei denen davon ausgegangen werden kann, dass jeder Teilnehmer mitreden kann. Es kann aber auch passieren, dass Sie mit einem Thema konfrontiert werden, das wenig Bezug zum Berufsalltag hat. Auch für diesen Fall erfahren Sie von uns, wie Sie in der Diskussion mithalten können. Gelegentlich wird auf eine Themenvorgabe verzichtet und der inhaltlichen Diskussion eine Diskussion über die Eignung von Themen vorangestellt.

Aktuelle Themen

Die meisten Unternehmen verwenden in der Gruppendiskussion Themen, die sich auf Ihr Berufsfeld beziehen. Es handelt sich zumeist nicht um Themen, für deren Diskussion ein spezielles Fachwissen benötigt wird. Wie in den anderen Übungen wird auch in Gruppendiskussionen nicht Ihr Fachwissen überprüft, sondern Ihre soziale und methodische Kompetenz.

Themen mit Berufsbezug

Daher sind die Themen grundsätzlich so allgemein gehalten, dass der unterschiedliche fachliche Hintergrund der Diskussionsteilnehmer kein Hindernis darstellt. Oftmals befinden sich in Gruppendiskussionen Betriebswirte, Mathematiker, Juristen, Psychologen oder Sozialwissenschaftler. Fachthemen wie beispielsweise »Die mittelbare Drittwirkung der Grundrechte in der EU« würden dann Diskussionsteilnehmer mit juristischer Vorbildung einseitig bevorzugen. Ein fachlicher Schlagabtausch würde im Vordergrund stehen, während die Überprüfung der sozialen und methodischen Kompetenz in den Hintergrund träte. Dies würde jedoch die Absichten dieses Auswahlverfahrens konterkarieren. Die Themen in der Gruppendiskussion werden deshalb so gewählt, dass die kommunikativen Fähigkeiten der Teilnehmer verglichen werden können. Und dies gelingt nur, wenn alle Teilnehmer mitreden können.

Neben der besseren Vergleichbarkeit der Teilnehmer hat der Einsatz berufsfeldbezogener Themen einen weiteren Grund. Für die Unternehmen ist es auch wichtig, ob die Kandidaten über aktuelle Trends in der Arbeitswelt Bescheid wissen. Zum Beispiel könnte – bei einer Einstiegsposition im kaufmännischen Bereich – das Thema in der Gruppendiskussion lauten:

Aktuelle Trends in der Arbeitswelt

»Entwickeln Sie eine Marketingstrategie für die Einführung eines Fitnessgetränkes auf dem Markt.« Bei einer Diskussion zu diesem Thema können die Beobachter neben den kommunikativen Fähigkeiten auch feststellen, ob die einzelnen Teilnehmer auch Aspekte anderer Unternehmensbereiche – beispielsweise Kundenorientierung (Verkauf), Kosten (Produktion und Entwicklung), Zielgruppendefinition (Marketing) – berücksichtigen. Dies würde bei einem allgemeinen Diskussionsthema wie »Sollte das Rauchen in öffentlichen Gebäuden verboten werden?« nicht deutlich.

Allgemein gehaltene Themen

Deshalb werden allgemein gehaltene Themen aus der Arbeitswelt, die den fachlichen Hintergrund der Diskussionsteilnehmer weitgehend ausblenden, bei Gruppendiskussionen am häufigsten eingesetzt. Die Themen in unserem Beispiel wurden bei der Auswahl von Hochschulabsolventen in der Gruppendiskussion vorgegeben.

Beispiele

Diskussionsthemen

Position: Traineeprogramm Einzelhandel
Diskussionsthema: »Was zeichnet einen guten Verkäufer aus?«

Position: Direkteinstieg Rechtsabteilung
Diskussionsthema: »Entwickeln Sie Maßnahmen zur Kundenbindung!«

Position: Traineeprogramm Finanzdienstleistungen
Diskussionsthema: »Welche Versicherungen gehören in das Startpaket für Berufsanfänger?«

Position: Traineeprogramm internationaler Führungsnachwuchs
Diskussionsthema: »Spielen kulturelle Unterschiede eine entscheidende Rolle bei internationalen Unternehmensstrategien?«

Position: Traineeprogramm Automobilkonzern
Diskussionsthema: »Welche Chancen hat das Weltauto?«

Freie Themenwahl

Bei der freien Themenwahl gibt es zwei Möglichkeiten: Entweder wird Ihrer Diskussionsgruppe die Auswahl des Themas übertragen, und sie müssen sich untereinander auf irgendein Thema einigen, oder Sie bekommen drei bis fünf Themen vorgegeben und müssen sich in der Gruppe darauf einigen, welches davon diskutiert werden soll. Dies bedeutet, dass in beiden Fällen vor einer thematisch-inhaltlichen Diskussion eine Diskussion um die Auswahl des eigentlichen Themas entsteht.

Die Teilnehmer einigen sich auf ein Thema

In dieser Diskussion vor der Diskussion liegt das Augenmerk der Beobachter ganz besonders auf der Durchsetzungsfähigkeit der einzelnen Diskussionsteilnehmer. Während es bei der eigentlichen Diskussion um ein gemeinsames Ergebnis geht und Sie sich dementsprechend kooperativ verhalten sollten, wird bei der Diskussion um das Thema darauf geachtet, ob Sie Ihre Meinung durchboxen können. Wenn Sie sich mit Ihrem Wunschthema durchsetzen wollen, müssen Sie darauf achten, den anderen Teilnehmern ein akzeptables Angebot zu machen. Denn falls für die Diskussion Ihres Wunschthemas Fachwissen notwendig ist, über das Sie verfügen, die anderen aber nicht, so wird die Gruppe Ihren Themenvorschlag ablehnen.

Daher sollten Sie ein Thema vorschlagen, zu dem alle – unabhängig von ihrem Fachwissen – beitragen können. Ein solches Thema wäre beispielsweise: »Wie sieht der optimale Mitarbeiter für die Position XYZ (Position, die im Assessment-Center vergeben wird) aus?« Hierbei sollte jeder der Diskussionsteilnehmer mitreden können, da die Anforderungen der neuen Position schließlich auch Thema der Bewerbung der einzelnen Kandidaten waren. Mit diesem Thema haben Sie einen Joker in der Hand, den Sie ziehen können, wenn die Entscheidungsfindung für ein Diskussionsthema in der Gruppe nicht vorankommt. Die anderen Teilnehmer können diesen Vorschlag nur

Jeder sollte mitreden können

schlecht ablehnen, da sie damit den Beobachtern indirekt zu verstehen geben, dass sie nicht wissen, worauf es bei der ausgeschriebenen Position ankommt.

Bringen Sie die Entscheidungsfindung voran

Wenn der Gruppe mehrere Themen vorgegeben werden, aus denen sie sich für ein Diskussionsthema entscheiden soll, so liegt Ihre wesentliche Aufgabe darin, die Entscheidungsfindung voranzutreiben. Dies gelingt Ihnen, indem Sie auf den Zeitfaktor verweisen und eine möglichst enge Zeitvorgabe für die Themenfindung vorschlagen, wie aus unserem Beispiel ersichtlich.

Beispiel

Themenfindung

»Wir sollten uns schnell auf ein Thema einigen, damit nicht zu viel von unserer Diskussionszeit verloren geht. Ich schlage vor, dass wir maximal fünf Minuten unserer dreißigminütigen Zeitvorgabe zur Themenfindung einplanen. Sind alle damit einverstanden?«

Lässt sich nicht innerhalb kurzer Zeit eine Entscheidung fällen, können Sie eine Abstimmung vorschlagen. Bei der späteren thematisch-inhaltlichen Diskussion sollten Sie dieses Instrument aber nicht einsetzen. Ihre kommunikativen Fähigkeiten müssen Sie in der Diskussion durch die Gewichtung von Argumenten und die Analyse von Pro- und Contra-Erwägungen beweisen. Abstimmungen können den für die Beobachter interessanten Prozess der Entscheidungsfindung nicht ersetzen. Bei der Entscheidung für ein Diskussionsthema kommt es aber nicht darauf an, sich ein Thema umfassend zu erschließen. Deshalb können Sie an dieser Stelle die Entscheidungsfindung mit einer Abstimmung beschleunigen.

Zählen Sie die Diskussionsthemen auf und bitten Sie die anderen Teilnehmer, durch Handheben deutlich zu machen, welches ihr Wunschthema ist. Werten Sie die Meldungen aus, verkünden Sie das Abstimmungsergebnis und beginnen Sie die Diskussion. So manövrieren Sie sich in eine Moderatorenfunktion, die Ihnen eine gute Bewertung in der Gruppendiskussion sichert.

Angestaubte Themen

Themen von gestern

Je berufsnäher die Übungen im Assessment-Center gestaltet sind, desto zuverlässiger lassen sich Aussagen darüber machen, welche der getesteten Bewerberinnen und Bewerber für das Unternehmen erfolgreich tätig sein werden. Die Forderung nach Berufsnähe gilt natürlich auch für die Themen der Gruppendiskussion. Trotzdem werden Sie gelegentlich auf die Diskussionsthemen »Mondlandung«, »Höhlenübung« und »Ballonfahrt« treffen. Diese drei Themen stammen aus der Anfangszeit der Assessment-Center und geistern seit mehr als 30 Jahren durch die einschlägige Literatur.

Angestaubte Themen

Beispiel

Mondübung: »Sie landen mit der Gruppe auf dem Mond, Ihre Raumkapsel ist dabei zu Bruch gegangen, und nun müssen Sie aus 19 Gegenständen die fünf wichtigsten auswählen, die Sie auf Ihrem dreitägigen Weg zur rettenden Mondbasis unbedingt brauchen. Zu den Gegenständen gehören: Dosenöffner, Signalrakete, Sauerstoffbehälter, Funkgerät, Streichhölzer, Gewehr, Seil, Dosennahrung, Getränke, Verbandskasten, Messer, Schmerztabletten, Feuerlöscher, Leuchtstäbe, Kompass, Solarzellen für die Energieversorgung, Wassserkanister, Astronautennahrung und Taschenlampe.«

Ballonübung: »Ihre Gruppe sitzt in einem Ballon, der an Höhe verliert und mit Hochspannungsmasten zu kollidieren droht. Entscheiden Sie in 15 Minuten, welche 16 Gegenstände von den 20 an Bord befindlichen abgeworfen werden.«

Höhlenübung: »Sie sitzen mit Ihrer Gruppe in einer Höhle, in der nach einem Unglücksfall der Wasserpegel ständig steigt. Erstellen Sie mit Ihren Gruppenmitgliedern eine Rangfolge, wer zuerst, wer als Zweiter, wer als Dritter usw. die Höhle verlassen darf. Abwandlung: Nur eine einzige Person kann gerettet werden, einigen Sie sich, wer das sein soll!«

Die Grundstruktur bei diesen drei Übungen und zahlreichen weiteren Varianten ist ähnlich: Die Gruppe muss sich innerhalb einer vorgegebenen Zeit einigen, welche Gegenstände mitgenommen werden (Mondübung), welche herausgeworfen werden (Ballonübung) oder welche Person den Unglücksort (Höhlenübung) als Erster verlassen darf.

Diskutieren Sie bei jedem Thema mit

Auch wenn Sie für Ihr Unternehmen nicht auf den Mond fliegen werden: Ganz gleich wie weit hergeholt Ihnen die Themen in der Gruppendiskussion erscheinen, Sie müssen engagiert mitdiskutieren. Im Assessment-Center kommt es auf das konkret sichtbare Verhalten der Teilnehmer an. Eine Verweigerungshaltung spricht leider gegen Sie. Auch wenn Sie mit vorgegebenen Themen nicht einverstanden sind, sollten Sie gute Miene zum bösen Spiel machen. Zeigen Sie, dass Ihnen zu jedem Thema etwas einfällt und dass Sie sich in der Gruppe behaupten können.

Rollenvorgaben

Neben der Vorliebe für bestimmte Themen hat auch jedes Unternehmen Vorlieben bei der Durchführung der Gruppendiskussion. Der typische Ablauf von Gruppendiskussionen sieht so aus, dass Ihnen eine Vorbereitungszeit eingeräumt wird und Sie im Anschluss daran das vorgegebene Thema diskutieren. Diese so genannte führerlose Gruppendiskussion ohne Rollenvorgabe haben wir Ihnen in unseren bisherigen Ausführungen beschrieben. Oftmals wird aber auch die führerlose Diskussion mit Rollenvorgabe eingesetzt, die wir Ihnen im Folgenden vorstellen. Es gibt außerdem noch Sonderfälle wie die geführte Diskussion ohne Rollenvorgabe und die geführte Diskussion mit Rollenvorgabe.

Führerlose Diskussion mit Rollenvorgabe

Die führerlose Diskussion mit Rollenvorgabe wird eingesetzt, um eine Konfliktsituation unter den Diskussionsteilnehmern zu erreichen. In der Vorbereitungszeit werden allen Teilnehmern schriftliche Informationen zu der Rolle, die sie übernehmen sollen, ausgehändigt. In der Diskussion spielen Sie dann einen Unternehmensangehörigen und müssen dessen spezielle Sichtweise einnehmen. Hierbei müssen Sie beachten, dass Sie sich Ihrer Rolle angemessen verhalten. Spielen Sie beispielsweise den Marketingleiter, so müssen Sie aus dessen Perspektive heraus argumentieren. Sind Sie für das Controlling verantwortlich, sollten Sie die Kostenseite in der Gruppendiskussion im Blick behalten.

Vertreten Sie die Interessen einer fiktiven Person

Aufgabenstellung einer führerlosen Diskussion mit Rollenvorgabe

Beispiel

Nach dem Umzug des Unternehmens in ein neues Gebäude sind die Räumlichkeiten neu einzuteilen. Vier neue Büros – ein kleines, zwei mittelgroße und ein großes – sind an vier Abteilungsleiter aus der Konstruktion, dem Vertrieb, dem Service und dem Controlling zu vergeben.

Sie haben die Rolle des Abteilungsleiters Konstruktion zugewiesen bekommen. In Ihrer Rollenvorgabe ist der Zusatz enthalten, dass man Ihnen vor Jahren schon ein größeres Büro versprochen hat und Sie nun auf jeden Fall das große Büro für sich reservieren sollen.

Vertreten Sie in der führerlosen Gruppendiskussion mit Rollenvorgabe die Interessen der fiktiven Person. Besonders am Anfang der Gruppendiskussion sollten Sie die Argumente bringen, die Ihnen schriftlich vorgegeben wurden. Im weiteren Verlauf sollten Sie darauf achten, auf ein gemeinsam getragenes Diskussionsergebnis hinzuarbeiten.

Geführte Diskussion ohne Rollenvorgabe

Verantwortlichkeit eines Moderators

Von einer geführten Gruppendiskussion ohne Rollenvorgabe spricht man, wenn aus der Gruppe der Teilnehmer ein Moderator bestimmt wird. Dieser Moderator übernimmt dann die Leitung der Diskussion. Seine Aufgabe ist die Sicherstellung eines Ergebnisses, die Strukturierung der Argumente, die Einhaltung der Diskussionsdisziplin und die Präsentation des Schlussergebnisses.

Beispiel

Aufgabenstellung einer geführten Diskussion ohne Rollenvorgabe

Sie sind die Leiterin der Personalabteilung und sollen mit Ihren vier Personalreferenten ein Anforderungsprofil an die soziale Kompetenz von Berufseinsteigern definieren. Achten Sie darauf, dass alle vier Personalreferenten ihren Beitrag zur zwanzigminütigen Diskussion leisten, und präsentieren Sie anschließend das erarbeitete Profil der Geschäftsleitung in einem fünfminütigen Vortrag.

Geführte Diskussion mit Rollenvorgabe

Geführte Gruppendiskussionen mit Rollenvorgaben werden selten eingesetzt. Wenn aber Positionen für den Führungsnachwuchs vergeben werden sollen, ist eine geführte Gruppendiskussion für die Beobachter sehr aussagekräftig. Der Teilnehmer, der die Rolle des Diskussionsleiters zugewiesen bekommen hat, kann hinsichtlich seiner Führung von Teams und der Leitung von Projektgruppen überprüft werden.

Aufgabenstellung einer geführten Diskussion mit Rollenvorgabe

Beispiel

Sie sind der Assistent der Geschäftsleitung. Ihr Unternehmen hat einen neuen Fuhrpark erworben. Ihre Aufgabe ist es, den Mitarbeitern des Unternehmens einen Dienstwagen zuzuweisen. Sie haben drei Mitarbeiter zu sich gebeten: einen langjährigen Außendienstmitarbeiter, einen jungen Servicemitarbeiter und einen Gruppenleiter aus dem Einkauf. Sie haben Ihre Vergabeentscheidung noch nicht getroffen. Die drei Mitarbeiter sollen ihren Wunsch nach einem bestimmten Dienstwagen mit Ihnen diskutieren. Da Sie jedoch nur drei Mittelklassewagen aus Korea zu vergeben haben, müssen Sie die Diskussion so lenken, dass die Mitarbeiter von sich aus mit dem Angebot des Unternehmens zufrieden sein werden.

Vorbereitung auf Themen

Pluspunkte durch sorgfältige Vorbereitung

Sie wissen jetzt, dass die Gruppendiskussion – egal in welcher Form – ein zentraler Bestandteil eines jeden Assessment-Centers ist. Deshalb ist es von enormer Wichtigkeit, dass Sie sich auch auf mögliche Themen vorbereiten. Dies ist nicht so schwierig, wie Sie vielleicht glauben. Denn letztendlich begrenzen Ihr anvisiertes Berufsfeld, Ihre bevorzugte Branche und Ihre möglichen Einstiegspositionen die in diesem Zusammenhang relevanten Themen.

Informieren Sie sich über Ihr Berufsfeld und Ihre Branche

Machen Sie sich deshalb mit den Themenstellungen vertraut, die Sie bezüglich Ihrer Branche oder Ihres Berufsfeldes erwarten könnten. Dazu ist die Lektüre des Wirtschaftsteils einer überregionalen Tageszeitung eine gute Vorbereitung. Sie finden dort aktuelle Themen aus allen Branchen und Argumente für die Diskussion dieser Themen. Halten Sie sich generell über Veränderungen in der Arbeitswelt und neue Entwicklungen auf dem Laufenden. Im Folgenden zeigen wir Ihnen, wie Sie sich einen Fundus an Themenstellungen mit den dazugehörigen Argumenten erarbeiten können.

Themenstellungen sammeln

Die Themen in Gruppendiskussionen lassen sich in vier Blöcke zusammenfassen:

- Wie sieht die Zukunft aus?
- Welche Verbesserungsvorschläge haben Sie?
- Wie würden Sie entscheiden?
- Welche Strategie hilft weiter?

Die Einschätzung künftiger Entwicklungen

Der Blick in die Zukunft: Ihre Vorstellungskraft ist gefragt, wenn Sie Themen vorgegeben bekommen, bei denen Ihre Einschätzung künftiger Entwicklungen verlangt wird. Die entsprechenden Themen in der Gruppendiskussion lauten beispielsweise »Welche Anforderungen werden an die Führungskraft im Jahr 2010 gestellt?« oder »Welche Megatrends bestimmen die nächsten zehn Jahre?«

Verbesserungsvorschläge: Ihr Talent, Bestehendes zu verbessern, müssen Sie beispielsweise in Diskussionen mit den Themen »Das Produkt Bronzo Bräunungsmittel verkauft sich nicht mehr. Entwickeln Sie eine Markteinführungsstrategie für

Super-Bronzo als Ersatzprodukt!« oder »Wie können Außendienstmitarbeiter besser vom Innendienst unterstützt werden?« unter Beweis stellen.

Fällen Sie eine Entscheidung: Wenn die Themen »Bewerten Sie die Vor- und Nachteile der Einführung von Gruppenfertigung statt Fließbandfertigung« oder »Erarbeiten Sie gerechte Einkommensteuertarife!« lauten, müssen Sie zu einer Entscheidung kommen. Diskutieren Sie das vorgegebene Thema unter verschiedenen Gesichtspunkten. Achten Sie darauf, dass am Ende der Diskussion eine Entscheidung für eine Variante steht.

Am Ende muss ein Ergebnis stehen

Strategie erarbeiten: Ihre Fähigkeit, strategisch zu denken, soll mit Themen wie »Eine neue Filiale unseres Konzerns wird in Kürze eröffnet. Entwickeln Sie in der Gruppe eine PR-Strategie« oder »Konzipieren Sie eine Kampagne zur langfristigen Kundenbindung« überprüft werden. Bei strategischen Fragestellungen können Sie Ihre Kreativität ins Spiel bringen.

Wie diese vier Schwerpunkte in der Praxis lauten könnten, möchten wir Ihnen anhand eines Beispiels erläutern. Darin haben wir Themen zu den vier Blöcken für ein Assessment-Center, in dem eine angehende Führungskraft im Versicherungswesen zu besetzen ist, zusammengestellt.

Themen für den Führungsnachwuchs im Versicherungswesen

Beispiele

- *Zukunft:* »Was bedeutet die Zunahme der Einpersonenhaushalte/Singles für das Lebensversicherungsgeschäft?«
- *Verbesserung:* »Wie kann der Außendienst besser unterstützt werden?«

- *Entscheidung:* »Sollte der Versicherungsdirektvertrieb ausgebaut werden?«
- *Strategie:* »Welche Chancen bieten ausländische Versicherungsmärkte?«

Suchen Sie Themen zur Diskussion

Bereiten Sie sich auf Themen in Gruppendiskussionen vor, indem Sie schon in Ihrer Vorbereitung auf die Suche nach möglichen Themen gehen. Nutzen Sie dazu unsere Übung »Ihre Themenvorschau«.

Ihre Themenvorschau

Übung

Versetzen Sie sich in die Lage des Moderators eines zukünftigen Assessment-Centers in der von Ihnen anvisierten Branche. Mit welchen Themen würden Sie Berufseinsteiger von der Hochschule konfrontieren?

Zukunft

(Ihr Themenvorschlag): . . . .

. . . .

. . . .

Verbesserung

(Ihr Themenvorschlag): . . . .

. . . .

. . . .

Entscheidung

(Ihr Themenvorschlag): . . . .

. . . .

. . . .

Strategie
(Ihr Themenvorschlag): ....

....

....

Argumente finden

Ohne Argumente lässt sich eine Gruppendiskussion nicht führen, Sie müssen etwas zum Thema sagen können. Wenn wir Hochschulabsolventen auf Assessment-Center vorbereiten, stellen wir häufig fest, dass ihnen keine Argumente für die Diskussion einfallen. Sie sollten sich deshalb fundierte Argumentationen für die Gruppendiskussion erarbeiten. Überlegen Sie, was zu den einzelnen Themen gesagt werden kann. Binden Sie die Informationen aus der Lektüre Ihrer Tageszeitung mit ein. Verabschieden Sie sich von dem Gedanken, dass Sie revolutionäre Neuheiten in der Gruppendiskussion verkünden müssen. Wichtig ist vor allem, dass Sie mitreden können.

Erarbeiten Sie sich fundierte Argumente

Für zwei der in unserem Beispiel genannten »Themen für den Führungsnachwuchs im Versicherungswesen« haben wir Argumente für eine Gruppendiskussion zusammengestellt, damit Sie einen Eindruck davon bekommen, wie man diese Vorarbeit effektiv leistet.

Argumente für zukünftige Führungskräfte im Versicherungswesen

Beispiel

Argumente zum Thema Zukunft: »Was bedeutet die Zunahme der Einpersonenhaushalte/Singles für das Lebensversicherungsgeschäft?«

- *Argument 1:* Größerer Beratungsaufwand
- *Argument 2:* Kapitallebens- statt Risikoversicherung

- *Argument 3:* Private Altersvorsorge
- *Argument 4:* Ausweitung der Finanzdienstleistung
- *Argument 5:* Maßgeschneiderte Angebote

Argumente zum Thema Verbesserung: »Wie kann der Außendienst besser unterstützt werden?«

- *Argument 1:* Internetzugriff vom Laptop
- *Argument 2:* Ausdruck individueller Angebote im Beratungsgespräch vor Ort
- *Argument 3:* Einsatz von Tourenplanungssoftware
- *Argument 4:* Prämienkoffer für Neukundenwerbung
- *Argument 5:* Auf Zielgruppen zugeschnittene Gesprächsleitfäden

Diese Vorbereitung sollten auch Sie für die von Ihnen erarbeiteten Themen leisten. Finden Sie fundierte Argumente für die vier von Ihnen in der Übung »Ihre Themenvorschau« vorgeschlagenen Diskussionsthemen.

Ihre Argumente

Übung

Ihr Thema *Zukunft*: . . . .

- *Argument 1:* . . . .
- *Argument 2:* . . . .
- *Argument 3:* . . . .
- *Argument 4:* . . . .
- *Argument 5:* . . . .

Ihr Thema *Verbesserung*: . . . .

- *Argument 1:* . . . .
- *Argument 2:* . . . .
- *Argument 3:* . . . .

- *Argument 4:* . . . .
- *Argument 5:* . . . .

Ihr Thema *Entscheidung*: . . . .

- *Argument 1:* . . . .
- *Argument 2:* . . . .
- *Argument 3:* . . . .
- *Argument 4:* . . . .
- *Argument 5:* . . . .

Ihr Thema *Strategie*: . . . .

- *Argument 1:* . . . .
- *Argument 2:* . . . .
- *Argument 3:* . . . .
- *Argument 4:* . . . .
- *Argument 5:* . . . .

Im nächsten Abschnitt »Überzeugungsstrategien« werden wir an die von Ihnen gesammelten Themen und Argumente anknüpfen. Wir werden Ihnen zeigen, wie Sie Argumente in der Gruppendiskussion einsetzen, kompetent diskutieren und die anderen Diskussionsteilnehmer in den Griff bekommen.

Überzeugungsstrategien

In der komplexen Übung Gruppendiskussion kommen sehr viele Beobachtungsdimensionen zum Tragen. Die Beobachter wollen in der Gruppendiskussion einen möglichst umfassenden Eindruck von Ihnen erhalten. Um in Gruppendiskussionen zu überzeugen, müssen Sie Argumente liefern, die anderen Teilnehmer in den Griff bekommen, eine Diskussionsstruktur schaffen, auf die Zeit achten, Zwischen- und Schlusszusammenfassungen liefern und eventuell Medien einsetzen. Warum diese Punkte so wichtig sind, zeigt Ihnen unsere Liste der häufigsten Fehler von unvorbereiteten Teilnehmern.

Viele Beobachtungsdimensionen kommen zum Tragen

Die häufigsten Fehler in Gruppendiskussionen

Unvorbereitete Teilnehmer einer Gruppendiskussion im Assessment-Center

- haben keine Argumente für das vorgegebene Thema,
- diskutieren ohne Struktur hin und her,
- verlieren sich in der Lösung von Detailfragen,
- beißen sich dermaßen an einzelnen Punkten fest, dass sie nicht mehr zu anderen Aspekten kommen,
- halten das Zeitlimit nicht ein,
- gehen Konflikten aus dem Weg,
- machen keine Zwischenzusammenfassungen,
- greifen sich persönlich an, wenn sie sachlich nicht mehr weiterkommen,
- machen keine Schlusszusammenfassung; dadurch kommt kein nachvollziehbares Ergebnis zustande und
- entwerten die Diskussion durch eine Abstimmung nach Ablauf der Zeitvorgabe.

Diese Fehler können Sie durch eine gute Vorbereitung vermeiden. Wie Sie sich auf Themen und mögliche Argumente vorbereiten, haben wir Ihnen schon gezeigt. Nun geht es um den Einsatz Ihrer Vorarbeit und die Strukturierung des Themas.

Argumente bündeln

Ihr erstes Ziel sollte sein, überhaupt mitzureden. Schweigsame Teilnehmer an der Gruppendiskussion haben bei den Beobachtern schlechte Karten. Damit Sie mitreden können, müssen Sie Argumente finden. Da Sie sich schon im Vorfeld informiert haben, dürften Sie einige Argumente schnell zur Hand haben. Zusätzlich haben Sie die Gelegenheit zur Vorbereitung vor Ort. Üblicherweise wird man Ihnen vor der Gruppendiskussion Zeit einräumen, damit Sie sich Argumentationsstrategien überlegen können. In der Regel verfügen Sie über zehn Minuten Vorbereitungszeit für eine anschließende Diskussion von 30 Minuten Dauer.

1. Schritt: Argumente finden

Machen Sie in der Vorbereitungsphase ein Brainstorming, notieren Sie alles, was Ihnen zum Thema einfällt. Überlegen Sie sich noch nicht, ob diese Argumente für die spätere Diskussion relevant sind und wie Sie sie einsetzen könnten. Beschränken Sie sich in dieser ersten Phase nicht, erfassen Sie alle Begriffe, Schlagworte und Argumente, die Ihnen durch den Kopf gehen.

Erst im zweiten Schritt ordnen Sie Ihre Einfälle in Form eines Mind-Maps, welches sie dann in die Diskussion mitnehmen können. Das Mind-Map ermöglicht Ihnen die übersichtliche Strukturierung und Gliederung der Argumente. Dadurch werden Ihnen auf den ersten Blick Argumentationsblöcke deutlich, und Sie können Ihre Argumente und die der anderen Teilnehmer bündeln. Damit versetzen Sie sich in die Lage, die Diskussion zu strukturieren und zu lenken. Außerdem behalten Sie immer den Überblick und schaffen sich damit die Voraussetzung, eine Moderatorenrolle zu übernehmen.

2. Schritt: Argumente strukturieren

Die Gewichtung Ihrer Argumente und die Ausformulierung der Schlagworte folgt in Ihrer Vorbereitung erst in einem späteren Schritt. Erst einmal sollten Sie so viel Material wie möglich sammeln und diese Argumente in die Form eines Mind-Maps bringen. Diese ersten beiden Schritte zeigen wir Ihnen im Folgenden am Beispiel des Diskussionsthemas »Entwickeln Sie ein Konzept zur Verbesserung der Qualität unserer Produkte«. Als Erstes folgt das Brainstorming zur »Qualitätsverbesserung«.

Qualitätsverbesserung

Ein Brainstorming könnte diese Begriffe und Argumente beinhalten:

- Produktion
- Service
- Vertrieb
- Kommunikation im Betrieb
- Zulieferer und Qualität
- Prozesskontrollen einführen
- Kundenreklamationen schneller Produktion und Entwicklung mitteilen
- Qualitätszirkel/-audits einführen
- Servicemitarbeiter regelmäßig schulen lassen
- Vertriebsmitarbeiter als Ohr zum Kunden nutzen
- abteilungsübergreifende Fort- und Weiterbildungen zum Thema Qualität durchführen
- Qualitätsgedanken durch mehr Eigenverantwortung der Mitarbeiter
- andere Arbeitsorganisationsmodelle stärker etablieren

Strukturieren mit einem Mind-Map

Im zweiten Schritt müssen diese Argumente noch zu Blöcken zusammengefasst werden. Überlegen Sie sich Kategorien, in die Sie die einzelnen Argumente einsortieren können. Für das Diskussionsthema aus unserem Beispiel würden sich die Kategorien Produktion, Service, Vertrieb und Prozessoptimierung anbieten. Unser nächstes Beispiel zeigt Ihnen, wie diese Strukturierung – als Mind-Map ausgearbeitet – aussehen könnte.

Mind-Map Qualitätsverbesserung

Thema:
Wie lässt sich die Qualität bei unseren Produkten verbessern?

Produktion

- Qualität beim Wareneingang steigern durch stärkere Anforderungen an die Zulieferer
- Verbesserte Produktions-/Prozesskontrolle
- Verantwortung der Produktionsmitarbeiter ausbauen
- ....
- ....

Service

- Häufiger auftauchende Kundenreklamationen schneller der Produktion mitteilen
- Kostenlose Service-Telefonnummer für Kunden einrichten
- ....
- ....
- ....

Vertrieb

- Kundenmeinungen durch Vertriebsmitarbeiter vor Ort erfragen lassen
- Wettbewerberanalysen durchführen
- Benchmarking
- ....
- ....

Prozessoptimierung

- Abteilungsübergreifende Qualitätszirkel einrichten
- Qualitätszirkel mit Zulieferern einrichten
- Mitarbeiterprämien für Verbesserungsvorschläge
- Weiterbildungen zum Thema Qualität durchführen
- ....

Mind-Map

Nun stehen Ihnen für die Diskussion genügend Argumentationsblöcke zur Verfügung. Die Argumente der anderen Teilnehmer können Sie in Ihre vier Unterpunkte integrieren oder zusätzliche Unterpunkte bilden. Mit dieser Art der Vorbereitung und Aufzeichnung gelingt es Ihnen, am Fluss der Diskussion teilzuhaben und gleichzeitig den Überblick zu behalten. Dadurch können Sie verhindern, dass Sie oder die Gruppe sich an einzelnen Argumenten festbeißen. Wenn es in einem Block in der Diskussion nicht weitergeht, können Sie zu einem anderen wechseln. Mit dieser Differenzierung des Diskussionsthemas können Sie die Diskussion auch immer wieder in Schwung bringen, wenn es an einem Punkt stockt.

Das Mind-Map verschafft Ihnen den Überblick

Einer der häufigsten Fehler in Gruppendiskussionen ist es, dass gleich zu Anfang der Diskussion in Detailfragen eingestiegen wird. Andere Argumente bleiben dann unbesprochen und die Diskussion kommt zu keiner umfassenden Würdigung des Themas.

Schaffen Sie sich durch Ihre Vorarbeit die Voraussetzungen dafür, in der Gruppendiskussion immer wieder neue Impulse geben zu können. Dies gelingt Ihnen am besten, wenn Sie die anderen Diskussionsteilnehmer darauf hinweisen, dass sie sich nicht zu früh in einer Detaildiskussion verlieren sollten und auch andere Aspekte für das Thema wichtig sind.

Geben Sie Impulse

Schlagworte anbringen

Sie überzeugen in Gruppendiskussionen, wenn Sie nicht nur Argumente liefern, sondern auch aktuelle Schlagworte und Schlüsselbegriffe einfließen lassen. Dies zeigt Ihre Vertrautheit mit der anvisierten Branche und dem Berufsfeld, für das Sie sich bewerben. Für weitschweifige Ausführungen ist jedoch aus Zeitmangel kein Platz. Sie müssen lernen, mit hoher Informationsdichte zu diskutieren. Schlagworte und Schlüsselbegriffe haben den zusätzlichen Vorteil, dass Sie viele Argumente in kurzer Zeit liefern können. Auf diese Weise zeigen Sie den Beobachtern, dass Sie sich Diskussionsthemen erschließen können. Gleichzeitig zwingen Sie die anderen Diskussionsteilnehmer dazu, vorrangig auf Ihre Argumente einzugehen.

Hohe Informationsdichte durch Schlüsselbegriffe

Wie Sie sich auf mögliche Themen und Argumente vorbereiten, haben wir Ihnen schon erläutert. Suchen Sie nun für Ihre Argumente aktuelle Schlagworte und Schlüsselbegriffe heraus, mit denen Sie knapp, aber aussagekräftig Ihre Argumente herausstellen können. Ganz gleich auf welches Thema Sie in einer Gruppendiskussion treffen, ein großer Teil der aktuellen Schlagworte und Schlüsselbegriffe lässt sich immer in die Diskussion einbringen.

Schlagworte und Schlüsselbegriffe in Diskussionen

Beispiele

Diskussionsthema 1: Wie lassen sich Mitarbeiter motivieren?

Diskussionsthema 2: Entwickeln Sie für einen Hersteller von Plastikspielzeug eine Marketingstrategie, mit der er zukünftig Holzspielzeug vertreiben kann!

Diskussionsthema 3: Was spricht für die Produktion von hochwertigen Elektronikprodukten in Deutschland?

Es gibt Schlagworte und Schlüsselbegriffe, die Sie für alle drei Diskussionsthemen einsetzen können. Selbst die Strukturierung der Argumente bleibt gleich.

- *Argumentationsblock* »Unternehmensorganisation«
  Schlanke Organisation, Profit-Center, kurze Entscheidungswege, Reengineering
- *Argumentationsblock* »Markt- und Kundenorientierung«
  Kundenfreundlichkeit, marktnahe Produktentwicklung, Beratung, Service, Qualität, Vertrieb, Absatzförderung, Marketing, Wettbewerberanalyse, Bekanntheit beim Kunden, Preisgestaltung

- *Argumentationsblock* »Mitarbeiterführung«:
  Zielvorgaben, Kostenreduktion, unternehmerisches Handeln, Verantwortungsbereitschaft
- *Argumentationsblock* »Schulung und Personalentwicklung«:
  Motivierte Mitarbeiter, positive Rückmeldungen, Leistungsanreize, gezielte Weiterbildung, Produktschulung

Schon zu Anfang viele Argumente bringen

Um positiv aufzufallen, sollten Sie gleich zu Anfang der Gruppendiskussion möglichst viele Argumente in den Raum stellen. Dazu fassen Sie Ihre Schlagworte und Schlüsselbegriffe in ein oder zwei Sätzen zusammen. Im nachfolgenden Beispiel möchten wir Ihnen zeigen, wie ein Einstieg in die Diskussion für die Diskussionsthemen aus unserem Beispiel »Schlagworte und Schlüsselbegriffe in Diskussionen« aussehen könnte.

Beispiele

Der Diskussionseinstieg

Thema 1: Wie lassen sich Mitarbeiter motivieren?

»In der Mitarbeiterführung ist der Aspekt der direkten und schnellen Rückmeldung für gezeigte Leistung wichtig. Mitarbeiter sind daher stärker motiviert, wenn Sie in überschaubaren Arbeitsgruppen tätig sind, die nach dem Profit Center Prinzip gestaltet sind. So wird beim einzelnen Mitarbeiter unternehmerisches Denken und Entscheidungsfreudigkeit gefördert.«

Thema 2: Marketingstrategie Holzspielzeug

Beispiel 2

»Zunächst sollten wir Eckpunkte der zukünftigen Marketingstrategie festlegen, anschließend sollten wir die dazugehörigen Details näher ausgestalten. Zu den Eckpunkten gehören für mich die vier Bereiche Vertriebsnetz, Bekanntheit beim Kunden, Preisgestaltung und Wettbewerberanalyse. Welche weiteren Eckpunkte sollten wir Ihrer Meinung nach noch berücksichtigen?«

Thema 3: Produktion in Deutschland

»Meiner Meinung nach sind bei der Produktion von hochwertigen Elektronikprodukten Kosten-, Qualitäts- und Serviceaspekte wichtig. Bevor wir diese Aspekte näher untersuchen und so Vor- und Nachteile für die Produktion in Deutschland herausarbeiten, sollten wir überlegen, ob wir noch weitere Aspekte für unsere Diskussion finden. Für mich wäre noch wichtig, dass wir in Deutschland auf qualifizierte Mitarbeiter zurückgreifen können und schnell auf Marktanforderungen reagieren können.«

Beispiel 3

Sie werden feststellen, dass die Schlagworte und Schlüsselbegriffe Ihnen nicht nur die aktive Teilnahme an der Diskussion ermöglichen, sondern dass sie auch unverzichtbar sind, um die positive Aufmerksamkeit der Beobachter auf sich zu ziehen. Die Beobachter gehen davon aus, dass passende und geeignete Bewerber die gleiche Sprache sprechen wie sie selbst. Mit entsprechender Wortwahl führen Sie die gewünschten Sympathie- und Halo-Effekte herbei, die Ihr Abschneiden im Assessment-Center deutlich verbessern.

Wunschbewerber sprechen die gleiche Sprache wie die Beobachter

Damit Sie nicht erst in der Gruppendiskussion nach Formulierungen für den richtigen Einstieg ins Thema suchen müssen, sollten Sie dies schon in Ihrer Vorbereitung anhand unserer Übung »Einstiegssätze« trainieren.

Einstiegssätze

Übung

Trainieren Sie den Einstieg in die Gruppendiskussion. Setzen Sie sich mit Schlagworten und Schlüsselbegriffen positiv in Szene. Nehmen Sie sich ein Thema Ihrer Wahl und sammeln Sie dazugehörige Schlagworte und Schlüsselbegriffe.

Sie können dies auch alternativ am Thema »Welche Chancen bietet die moderne Informationstechnologie für Unternehmen?« trainieren. Suchen Sie zu diesem Thema Schlagworte und Schlüsselbegriffe.

Greifen Sie mindestens vier Schlagworte und Schlüsselbegriffe heraus. Üben Sie, diese vier Begriffe in den aufgeführten Einstiegssätzen unterzubringen:

- *Einstiegssatz 1:* »Wir sollten das Thema unter den Gesichtspunkten (Schlagwort 1), (Schlagwort 2) und (Schlagwort 3) diskutieren. Außerdem halte ich den Aspekt (Schlagwort 4) für besonders wichtig.«
- *Einstiegssatz 2:* »Unser Diskussionsthema beinhaltet mehrere wesentliche Aspekte. Erst sollten wir auf (Schlagwort 1) eingehen, dann (Schlagwort 2) behandeln und zuletzt erst die Anforderungen von (Schlagwort 3) untersuchen.«

Die Fähigkeit zur analytischen Themenaufbereitung

Es bringt Pluspunkte, wenn der erste Wortbeitrag der Diskussion von Ihnen kommt. Die Beobachter wissen jedoch auch, dass nicht alle Gruppenmitglieder zugleich losreden können. Sie sollten aber bereits in der Anfangsphase mit konkreten Vorschlägen zur Herangehensweise an das Thema deutlich machen, dass Sie an einer analytischen Themenaufbereitung mit klarer Ergebnisorientierung interessiert sind. Geben Sie, wie in unseren Beispielformulierungen gezeigt, Diskussionsstrukturen vor.

Gesprächstechniken anwenden

Behalten Sie bei der Diskussion unbedingt die Zeitvorgabe im Blick. Am besten schreiben Sie sich die Anfangs- und Endzeit am Beginn der Diskussion auf. Sie überzeugen die Beobachter nur dann, wenn Sie das Thema im festgelegten Zeitrahmen umfassend diskutieren und zu einem Ergebnis kommen. Überzieht Ihre Diskussionsrunde die Zeit, fällt dies auch negativ auf Sie zurück. Sie müssen dann damit rechnen, dass die Diskussion ergebnislos abgebrochen wird.

Wenn Sie den zeitlichen Ablauf beachten, bieten sich Ihnen immer wieder Chancen, positiv auf sich aufmerksam zu machen. Sie können sich durch eine Zwischenzusammenfassung und durch eine Schlusszusammenfassung zum Anwalt des Themas machen. Der Hinweis auf die knappe Zeit hilft Ihnen auch dabei, festgefahrene Gesprächssituationen aufzulösen und die Diskussion wieder zum Laufen zu bringen.

Beachten Sie die Zeit

Nach der Hälfte der Diskussionszeit ist eine Zwischenzusammenfassung angebracht, in der Sie die bisherigen Argumente kurz zusammenfassen und an noch nicht besprochene Punkte erinnern sollten. In der Zwischenzusammenfassung können Sie die Ihrer Meinung nach wesentlichen Argumentationslinien kurz skizzieren und die weitere Entwicklung der Diskussion beeinflussen. Unser Beispiel zeigt Ihnen eine mögliche Einleitung zu einer Zwischenzusammenfassung.

Zwischenzusammenfassung

Beispiel

»Damit die bisher vorgebrachten Argumente nicht untergehen, halte ich folgendes Zwischenergebnis fest: ....
Noch zu klären sind die Punkte ....«

Eine Schlusszusammenfassung ist für Sie die beste Chance, bei den Beobachtern nachhaltig in Erinnerung zu bleiben. Wichtig ist hier der richtige Zeitpunkt: Er muss kurz vor dem Ende liegen, damit Ihnen die anderen Teilnehmer nicht mehr widersprechen können. Trotzdem muss genügend Zeit für eine Zusammenfassung der Argumente sein. Optimal ist es, wenn Sie Ihre Schlusszusammenfassung zwei Minuten vor dem Ende der Diskussion beginnen und diese Zeit dann für Ihre Zusammenfassung nutzen. Nennen Sie nicht bloß ein Ergebnis, sondern stellen Sie die Punkte heraus, in denen die Gruppe zu einer Einigung gekommen ist. Zeigen Sie aber auch auf, in welchen Punkten keine Einigung erzielt werden konnte.

Liefern Sie eine Schlusszusammenfassung

Beispiel

Schlusszusammenfassung

»Damit unsere Diskussion mit einem Ergebnis zu Ende geht, möchte ich jetzt noch einmal den Ablauf der Diskussion zusammenfassen. Alle Beteiligten waren sich darin einig, dass . . . .
Offen bleiben mussten die Punkte . . . .
Meiner Meinung nach ist klar geworden, dass . . . . «

Aufmerksamkeit für Ihre Argumente können Sie außerdem mit einem altbewährten Trick erzielen: Zeigen Sie sich in der Gruppendiskussion als sozial kompetenter Gesprächspartner, indem Sie die anderen Teilnehmer mit deren Namen anreden. Die Namen der Teilnehmer sollten Sie zu Beginn des Assessment-Centers und in den Pausen erfahren haben. Die Beobachter werden aufmerksam registrieren, dass Sie die anderen Diskussionsteilnehmer mit Namen ansprechen. Zusätzlich erzielen Sie immer dann, wenn Sie jemanden mit Namen ansprechen, eine kurze Phase der erhöhten Aufmerksamkeit. Nutzen Sie dies, um Ihre Diskussionsbeiträge an die Frau und an den Mann zu bringen.

Namen in der Gruppendiskussion einsetzen

Beispiel

»Das ist sicherlich richtig, Frau ..., Sie müssen aber bedenken, dass ...« oder »Ich stimme Ihrer Meinung im Wesentlichen zu, Herr ..., aber auch der Punkt ... sollte ausreichend berücksichtigt werden. Deshalb sollten wir ...«

Ihr Vorgehen in der Diskussion hängt auch davon ab, ob Sie auf eher konsensorientierte oder eher konfrontationsorientierte Teilnehmer treffen. Gruppen, die Diskussionen »in Harmonie« führen, kommen genauso oft vor wie der »Streitfall«. Bringen Sie bei fortdauernder »Harmoniesucht« Schwung in die Diskussion, indem Sie einzelne Teilnehmer direkt ansprechen und um deren Stellungnahme bitten. Aber bitte Vorsicht mit dem Oberlehrerstil: Zeigen Sie nicht mit dem Finger auf jemanden und rufen Sie nicht »Müller, sagen Sie doch endlich auch mal was!« Berücksichtigen Sie die Stresssituation, in der sich alle befinden, und achten Sie auf einen netten Tonfall.

Teilnehmer um ihre Stellungnahme bitten

Beispiel

»Damit unser Ergebnis später von möglichst allen Anwesenden getragen wird, möchte ich Herrn Müller bitten, aus seiner Sicht zum Aspekt ... Stellung zu nehmen.«

In Gruppen, die auf Konfrontation gehen, sollten Sie Konflikte zwischen einzelnen Teilnehmern entschärfen und darauf achten, dass sich die Diskussion weder aufgrund fachlicher Streitpunkte noch wegen persönlicher Antipathien festfährt. Mit dem Hinweis auf Zeitvorgaben und Unternehmensinteressen nehmen Sie widerspenstigen Diskussionsteilnehmern meistens den Wind aus den Segeln. Unser Beispiel zeigt Ihnen, wie Sie den Hinweis auf den Zeitfaktor für sich nutzen können.

Beispiel

Konflikte entschärfen

»Wir haben uns zu Anfang unserer Diskussion darauf geeinigt, dass wir das Thema unter Berücksichtigung der Aspekte A, B, C, D und E durchsprechen wollen. Mit dem Aspekt B haben wir uns nun zehn Minuten beschäftigt, und es sieht so aus, als würden wir an dieser Stelle ohne weitere Informationen nicht weiterkommen. Lassen Sie uns daher für die verbleibenden zehn Minuten zu den Punkten C, D und E kommen.«

Wenn Sie Zusammenfassungen liefern oder die Diskussion in festgefahrenen Gesprächssituationen wieder voranbringen wollen, sollten Sie Medien einsetzen. Mit dieser Vorgehensweise erarbeiten Sie sich Sonderpunkte bei den Beobachtern.

Sie können beispielsweise aufstehen und zum Flipchart gehen, um die bisher genannten Argumente anzuschreiben oder die gegensätzlichen Positionen zu skizzieren. Sie bauen damit eine Struktur auf, der die anderen Diskussionsteilnehmer folgen müssen. Wenn Sie aufstehen, wird die Gruppe Ihnen sofort ihre Aufmerksamkeit zuwenden. Körpersprachlich gesehen erlangen Sie durch die stehende Haltung gegenüber den Sitzenden zusätzliches Gewicht. Nachdem Sie die Punkte am Flipchart oder am Whiteboard skizziert haben, sollten Sie sich aber wieder hinsetzen, damit die Diskussion nicht ohne Sie weiterläuft.

Nehmen Sie eine Vermittlerrolle ein

Wenn zwei sich streiten, freut sich der Dritte: Das werden Sie sein, wenn Sie nicht nur Fronten zwischen einzelnen Teilnehmern auflösen, sondern auch darauf hinarbeiten, dass sich keine Flügelkämpfe entwickeln. Sich unversöhnlich gegenüberstehende Teilnehmer können Sie durch die Einnahme einer Vermittlerrolle wieder zur sachlichen Auseinandersetzung zurückführen. Wie dies gelingen könnte, zeigt unser nachfolgendes Beispiel.

Der Vermittler

Beispiel

»Es ist offensichtlich, dass wir an diesem Punkt zu keiner Einigung kommen. Lassen Sie uns nun den anderen Argumenten zuwenden.« Oder »Die Unternehmensleitung hat ein Recht auf eine rational begründete Entscheidung. Ich möchte Sie bitten, Ihre Blockadehaltung aufzugeben und persönliche Angriffe zu unterlassen.«

Wenn Sie merken, dass sich einzelne Teilnehmer aus der Diskussion zurückziehen, sollten Sie versuchen, diese zu integrieren. Sprechen Sie diese Teilnehmer direkt an und fragen Sie nach ihrer Meinung. Begründen Sie Ihre direkte Ansprache mit der Entscheidungsfindung. Sie zeigen den Beobachter damit, dass Sie andere zur Mitarbeit bewegen und deren Potenzial in den Entscheidungsprozess mit einbeziehen können.

Schweigsame Teilnehmer

Beispiel

»Damit die Entscheidung von allen mitgetragen werden kann, würde mich auch die Meinung von Herrn Schmidt und Frau Meyer zu diesem Punkt interessieren.«

Wenn man Sie persönlich angreift, sollten Sie gelassen reagieren. Gehen Sie nicht auf Unterstellungen ein. Bleiben Sie bei Angriffen ruhig, lassen Sie sich nicht zu einem persönlichen Streit provozieren. Erinnern Sie stattdessen Ihren Kontrahenten daran, dass die Diskussion weitergehen muss und dass eine Aufgabe zu lösen ist. Damit nehmen Sie ihm fast immer den Wind aus den Segeln.

Beispiel

Persönliche Angriffe auflösen

»Ihre Anmerkung ist interessant, bringt uns aber in der Sache nicht weiter. Daher sollten wir uns jetzt wieder sachlichen Argumenten zuwenden.« Oder: »Für Ihre Bemerkung ist an dieser Stelle leider kein Platz, die Zeit läuft uns davon.« Oder: »Es ist ein Gebot der Fairness, dass Sie mich genauso ausreden lassen wie ich Sie.«

Wenn Sie selbst Argumente der anderen Teilnehmer entkräften wollen, bietet sich der Verweis auf den Zeitrahmen, entstehende Kosten und die Sicht des Unternehmens an. Diese Aspekte sind Joker der Diskussionsführung, die Sie deshalb auch nur gezielt und sparsam einsetzen sollten. Nutzen Sie unsere Joker der Diskussionsführung nur, um schwierige Teilnehmer in ihre Schranken zu verweisen.

Beispiel

Joker der Diskussionsführung

»Sie vernachlässigen bei Ihren Argumenten die Kosten.« Oder: »Mit Ihren Überlegungen entfernen Sie sich von den Kernkompetenzen des Unternehmens.«

Setzen Sie die Joker der Diskussionsführung nicht zu oft ein und verwenden Sie sie nur, wenn es dem Fortgang der Diskussion dient. Persönliche Angriffe haben in der Gruppendiskussion keinen Platz. Stellen Sie immer den Fortschritt in der Sache über persönliche Animositäten. Eine Einsatzmöglichkeit der Joker wäre beispielsweise, detailverliebte Diskussionsteilnehmer zu stoppen und damit den Fortgang der Diskussion zu sichern.

Neben den Gesprächstechniken der Diskussionsführung können Sie in Gruppendiskussionen auch Ihre Körpersprache einsetzen, um Aufmerksamkeit bei den anderen Teilnehmern zu erzielen und die Beobachterkonferenz zu beeindrucken.

Körpersprache in der Gruppendiskussion

Ihre Körpersprache sollten Sie in der Gruppendiskussion gezielt einsetzen, um Ihre Argumente besser wirken zu lassen, Aufmerksamkeit zu erzielen und sich genug Redezeit zu verschaffen. Aber Vorsicht: Sie überzeugen nicht, wenn Sie die inhaltliche Seite der Diskussion völlig ausblenden und sich nur auf Ihren körperlichen Ausdruck konzentrieren. Setzen Sie Ihre Körpersprache angemessen ein. Wenn Sie in der Lage sind, souverän und mit überzeugenden Argumenten zu den vorgegebenen Themen Stellung zu beziehen, ergibt sich die passende Körpersprache fast von selbst. Trotzdem helfen Ihnen hier einige Techniken weiter, damit Sie sich nicht ins »körpersprachliche Abseits« begeben.

Setzen Sie Ihre Körpersprache angemessen ein

Wie wir schon erwähnten, werden die Beobachter auf eine Analyse der Körpersprache vorbereitet. Sie werden insbesondere auf Stressgesten und Konfrontationshaltungen bei den Teilnehmern achten, da daraus eine mangelnde Stressresistenz geschlossen werden kann. Daher sollten Sie als Erstes darauf achten, mit Ihrer Körpersprache keine negative Signalwirkung zu erzeugen. Dies fällt in der Gruppendiskussion naturgemäß schwer, da die direkte Konfrontation der Teilnehmerinnen und Teilnehmer eine Anspannung erzeugt, die körpersprachlich deutlich sichtbar wird.

Teilnehmer, die während der Gruppendiskussion mit Ihren Beinen die Stuhlbeine umklammern, die mit Ihrer Hand auf oder unter dem Tisch eine verkrampfte Faust bilden oder die bei ihren Wortbeiträgen nach unten schauen und dabei mit leiser Stimme sprechen, fallen den Beobachtern negativ auf.

Negative Signale vermeiden

Ungünstig ist Ihre Sitzhaltung auch dann, wenn Sie mit dem Oberkörper stark nach vorne gebeugt sitzen oder vor Aufregung hin- und herwippen. Wenn Ihre Nervosität zu stark zum Ausdruck kommt, spricht dies gegen Ihre Belastungsfähigkeit. Kneten Sie nervös Ihre Hände durch oder tippen Sie mit den Fingern auf die Tischplatte, so werden auch diese Stressgesten zu Ihren Ungunsten ausgelegt. Wer andererseits mit vor der Brust verschränkten Armen am Tisch sitzt und die anderen Redner bei deren Beiträgen zornig ansieht, wird kaum glaubhaft machen können, dass er für die Argumente anderer offen ist.

Die entspannte Grundhaltung

Um eine körpersprachliche Unterstützung für Ihre vorgetragenen Argumente zu erreichen, sollten Sie beim Sitzen eine Grundhaltung einnehmen, bei der Sie aufrecht sitzen, Ihre beiden Beine fest auf der Erde stehen und Ihre Hände locker auf den Oberschenkeln aufliegen. Sie sollten versuchen, immer wieder in diese Grundhaltung zurückzukehren, wenn Sie zwischendurch feststellen, dass Sie sich von der angespannten Stimmung in eine ungünstige Körperhaltung haben manövrieren lassen.

Körpersprache ist nonverbale Kommunikation

Ihre Körpersprache dient nicht nur dazu, die Beobachter durch einen souveränen Auftritt zu überzeugen. Auch die Diskussionsteilnehmer reagieren auf Ihre Argumente stärker, wenn Sie Ihr Diskussionsverhalten mit Ihrer Körpersprache unterstützen. Bezüglich Ihrer Wortbeiträge sollten Sie darauf achten, dass Sie die Mitdiskutierenden anschauen, während Sie Ihre Argumente vortragen. Dadurch können Sie zeitgleich zu Ihren Beiträgen bereits erste zustimmende oder ablehnende Reaktionen erkennen und auf diese eingehen, beispielsweise, indem Sie bei zustimmendem Kopfnicken eines Teilnehmers diesen mit einer Fomulierung wie »Wenn ich Ihr Kopfnicken richtig deute, sind Sie ebenfalls für diesen Weg bei der Lösung der Aufgabe« direkt ansprechen.

Diese nonverbale Möglichkeit, Meinungen der anderen zu erfahren und damit Diskussionen in Schwung zu bringen, funktioniert auch bei ablehnenden Signalen wie starkem Stirnrunzeln oder Kopfschütteln. Beispielsweise könnten Sie formulieren: »Ihr Kopfschütteln lässt vermuten, dass wir einen wichtigen Aspekt noch nicht ausreichend gewürdigt haben. Was ist Ihrer Meinung nach noch wichtig, um zu einem Ergebnis zu kommen?«

Körpersprachliche Signale lassen sich auch gut einsetzen, wenn Sie in Gruppendiskussionen zu Wort kommen wollen. Machen Sie zu Probezwecken in einer Diskussion einmal selbst den Test: Beugen Sie sich vor, strecken Sie dabei Ihren Arm aus und rufen Sie gleichzeitig ein lautes und deutliches »Stop«. Die Aufmerksamkeit, die Ihnen die anderen Teilnehmerinnen und Teilnehmer dann erweisen, wird Sie beeindrucken. Nutzen Sie entstehende kurze Pausen und streuen Sie schnell einige wichtige Argumente ein.

So kommen Sie zu Wort

Widerspenstige Vielredner, die sich ständig wiederholen, und die unangenehmen Unterbrecher, die Ihnen wiederholt ins Wort fallen, können Sie mit klaren Gesten in die Schranken weisen. Zeigen Sie mit Ihrem Arm auf die störenden Redner und heben Sie abwehrend die Hand. Benutzen Sie Formulierungen, die mit »Stop« beginnen, wie: »Stop, das hatten wir jetzt schon dreimal, so kommen wir in der Sache nicht weiter.« Bei hartnäckigen Kandidaten stehen Sie kurz auf, halten Ihren Zettel mit den strukturierten Argumenten hoch und verweisen auf noch nicht erledigte Punkte, die noch besprochen werden müssen.

So stoppen Sie Dauerredner

Wenn Sie den Diskussionsverlauf auf dem Flipchart bereits visualisiert haben, können Sie nach vorne gehen, den Stand der Diskussion in das Ablaufschema einordnen und die Diskussion mit einer Zwischenzusammenfassung wieder auf die ergebnisorientierte Ebene zurückführen.

Nicht nur Mimik und Gestik sind wichtig, wenn Sie in der Diskussion überzeugen wollen. Wichtig ist auch Ihr Sprechtempo. Zu schnelles Sprechen verrät Stress und Anspannung. Üben Sie deshalb, Ihr Sprechtempo immer wieder zu drosseln.

Drosseln Sie Ihr Sprechtempo

Verlangsamen Sie Ihren Redefluss, damit Ihnen die anderen Teilnehmer und die Beobachter zuhören können. Ein »Trommelfeuer-Sprachstil«, der darauf beruht, dass Mitredner mit Argumenten erschlagen werden sollen, sorgt bei den Beobachtern für eine negative Bewertung Ihres Kommunikationsverhaltens.

In Gruppendiskussionen bilden sich oft Blöcke mit den dazugehörigen Meinungsführern. Die Meinungsführer wollen sich dann gegenseitig niederreden, indem sie die immer gleichen Argumente lautstark wiederholen. Auch in solchen Fällen hilft Ihnen der Einsatz Ihrer Körpersprache, Konflikte zu entschärfen und die Diskussion voranzubringen.

Beispiel

Körpersprache zwischen den Fronten

Sprechen Sie bei Konflikten zwischen verfeindeten Blöcken die Wortführer direkt an: »An diesem Punkt kommen wir nicht weiter. Lassen Sie uns die gegensätzlichen Positionen festhalten und in der Diskussion fortfahren.«

Setzen Sie hierbei körpersprachlich den »Brustschwimmer-Trick« ein: Bilden Sie mit Ihren Armen einen Pflug vor Ihrem Oberkörper, wie Sie einen Schwimmzug beim Brustschwimmen beginnen würden. Strecken Sie die Arme nach vorne, wenden Sie die Handflächen zur Seite und schieben Sie sozusagen körperlich die aufeinander prallenden Meinungen auseinander.

Ausgewählte Übungen zur Vorbereitung

Wir haben Sie mit möglichen Themen in Gruppendiskussionen vertraut gemacht und Ihnen gezeigt, wie Sie Argumente finden und strukturieren können. Die von uns vorgestellten Techniken der Gesprächsführung und unsere Tipps zur Körpersprache werden Ihnen dabei helfen, Themen in den Griff zu bekommen und sich in der Gruppe durchzusetzen. Nun warten Aufgabenstellungen aus Gruppendiskussionen auf Sie, damit Sie Ihr erworbenes Wissen ausprobieren und trainieren können.

Wichtige Projekte

Ihre Gruppe besteht aus vier Abteilungsleitern aus den Bereichen Entwicklung, Produktion, Verkauf und Service.

Jeder Abteilungsleiter hat sich in der Vorbereitungszeit ein Projekt überlegt, das besonders wichtig für das gesamte Unternehmen ist. In der Gruppendiskussion soll nun jeder Abteilungsleiter sein Projekt vorstellen und die anderen davon überzeugen, dass ihm zusätzliche Sachmittel und neue Mitarbeiter zur Verfügung gestellt werden müssen.

Die Geschäftsleitung hat aber bereits im Vorfeld signalisiert, dass die Mittel knapp sind und deshalb nur zwei Projekte gefördert werden können.

Mitarbeiterauswahl

Hinweise zur Durchführung: Sie können diese Gruppendiskussion mit drei bis sechs Teilnehmern durchführen. Jeder Teilnehmer bekommt eine Kopie des gesamten Textes.

Sie sind Personalreferent/in in der Personalabteilung der Im- und Export GmbH. Zum nächsten Einstellungstermin wird ein Assistent der Geschäftsleitung gesucht. Eine Vorauswahl innerhalb der eingegangenen Bewerbungsunterlagen hat bereits stattgefunden.

Der Leiter der Personalabteilung hat Sie und die anderen Personalreferenten aufgefordert, gemeinsam aus den vier in die engere Auswahl gekommenen Bewerbern den geeigneten Kandidaten zu bestimmen. Ihr Abteilungsleiter erwartet Ihr Ergebnis in 15 Minuten.

Die Bewerber

1. *Franziska Müller*

- 32 Jahre, ledig, ungekündigte Stellung als Chefsekretärin in einem europaweit operierenden Versicherungskonzern, 12 Jahre Berufserfahrung
- ehrgeizig, pflichtbewusst, Organisationstalent
- allerdings: wenig Eigeninitiative, verfügte in ihrer bisherigen Stellung über keine wesentlichen Entscheidungsspielräume

2. *Hans Wernersen*

- 45 Jahre alt, verheiratet, 2 Kinder, 20 Jahre im Außendienst tätig, seit 5 Jahren Assistent der Geschäftsleitung in einem mittelständischen Familienbetrieb im Nahrungsmittelbereich
- korrekt und pünktlich, fließende Englischkenntnisse, arbeitet schnell und zuverlässig
- allerdings: wünscht größere Kompetenzen, scheint momentane Stellung unbedingt verlassen zu wollen

3. *Thorbjørn Knudsen*

- 27 Jahre alt, verheiratet, Norweger, betriebswirtschaftlicher Abschluss der Universität Oslo, exzellente Noten, 2 Jahre des Studiums in Deutschland absolviert

- fließend deutsch, englisch, schwedisch, hervorragende PC-Kenntnisse, innovativ/kreativ
- wünscht Möglichkeit zur Promotion oder zum MBA-Abschluss

4. *Werner Freiherr von Mönhausen*

- 36 Jahre alt, verheiratet, ein Kind, nach Studium der Sozialökonomie Verwaltung der väterlichen Ländereien und Besitztümer, sucht neue Herausforderung
- kommunikativ, glaubwürdig, argumentationsstark
- allerdings: geringe Branchenkenntnisse, neigt zur Überheblichkeit, fordert hohes Gehalt

Variation: Zusätzliche Dynamik gewinnt diese Gruppendiskussion, wenn den Teilnehmern unterschiedliche Wunschkandidaten zugewiesen werden, die sie gegen den Widerstand der anderen durchbringen sollen.

Mindestlöhne in der Baubranche

Aufgabe: Sie sind Mitglieder eines parlamentarischen Ausschusses. Entscheiden Sie in 30 Minuten, ob Mindestlöhne in der Baubranche eingeführt werden sollten.

Produktionsverlagerung

Hinweise zur Durchführung: Allen vier Mitgliedern der Gruppendiskussion wird die allgemeine Lage ausgehändigt. Dazu erhält jeder der vier Teilnehmer seine spezielle Rollenvorgabe auf einem Extrablatt. Die Teilnehmer erhalten keine Informationen über den Inhalt der anderen drei Rollenvorgaben.

Die Rollenvorgaben der vier Teilnehmer bieten hauptsächlich Argumentationshilfen. Auf detaillierte Vorgaben zur Person wurde verzichtet, um die Gefahren reiner Schauspielerei zu vermeiden. Zeit: 30 Minuten.

Thema: Produktionsverlagerung ins Ausland

Allgemeine Lage

Sie sind Consultant der Unternehmensberatung Miami Consulting Deutschland. Ein deutsches Unternehmen, das Haushaltsgeräte entwickelt, herstellt und europaweit vertreibt, hat der Miami Consulting den Auftrag erteilt, Möglichkeiten der Produktionsverlagerung ins Ausland in einem Gutachten zu untersuchen.

Ihre Geschäftsleitung hat ein Beratungsteam aus vier gleichberechtigten Mitgliedern gebildet. Sie sind Mitglied dieses Projektteams und haben die Aufgabe, vor weiteren Untersuchungen erst einmal einen möglichen Standort für neue Produktionsstätten festzulegen. Die abschließende Entscheidung über die Produktionsverlagerung wird von zwei Senior Consultants in Zusammenarbeit mit der Geschäftsleitung Ihres Auftraggebers getroffen.

Ihre Aufgabe besteht darin, in der Gruppe das am besten geeignete Land für den neuen Produktionsstandort festzulegen.

Ihrem Projektteam stehen für diese Diskussion 20 Minuten zur Verfügung. Sie haben vorher zehn Minuten Zeit,

Ihre Argumente vorzubereiten, dann beginnt die Besprechung mit den anderen drei Teammitgliedern.

Ihr Team besteht aus folgenden vier Personen

1. Christoph D. Kienspan
2. Rolf B. Erger
3. Charlotte Andersen
4. Kurt Peter Maria Gärtner

Welche Rolle Sie vertreten, erfahren Sie in Ihrer speziellen Rollenvorgabe.

➧ *Spezielle Rollenvorgabe:* **Christoph D. Kienspan.** Sie vertreten den Produktionsstandort Tschechien.

Dies hat folgende Gründe: Sie haben bereits ein Beratungsprojekt in Tschechien durchgeführt und schätzen die Leistungsbereitschaft der Tschechen hoch ein. Außerdem sind Sie der Meinung, dass die Kooperation zwischen Volkswagen und Skoda ein Beleg dafür ist, vernünftige Produktionskapazitäten aufbauen zu können. Sie sind davon überzeugt, dass der osteuropäische Markt ein großes Aufnahmepotenzial für Haushaltsgeräte hat. Neben der Produktionsverlagerung sehen Sie daher gute Marktchancen für die Produkte Ihres Kunden.

Sie wissen um die Vorliebe von Charlotte Andersen für Finnland, da sie als ehemalige Referentin des Interessenverbandes Neue Hanse bei jeder Gelegenheit auf das angebliche Potenzial im Ostseeraum hinweist. Ihrer Meinung nach ist das Unsinn, da Skandinavien, wie die Bundesrepublik Deutschland, hoch industrialisiert und exportorientiert ist und die Märkte nicht weiter aufnahmefähig sind.

Übung

➧ *Spezielle Rollenvorgabe:* **Rolf B. Erger.** Sie vertreten den Produktionsstandort Wales.

Dies hat folgende Gründe: Großbritannien verfügt über gut ausgebildete Facharbeiter. Die Lohnkosten sind gering und können sich durchaus mit den gezahlten Löhnen in Osteuropa und Südostasien messen. Südostasien lehnen Sie als Standort ab, da Sie zu hohe Logistikkosten (Transport) befürchten. Außerdem müssten in Südostasien Arbeiter erst angelernt werden. Die offensive Ansiedlungspolitik, die in Wales betrieben wird, lässt interessante Zuschüsse auch aus EU-Töpfen erwarten, dies ist für Sie der Hauptgrund, Wales als Standort zu vertreten.

➧ *Spezielle Rollenvorgabe:* **Charlotte Andersen.** Sie vertreten den Produktionsstandort Finnland.

Dies hat folgende Gründe: Sie haben schon immer einen guten Draht zu Finnland und seiner Bevölkerung gehabt. Finnland halten Sie deshalb für besonders geeignet, weil die arbeitsrechtlichen Bestimmungen in Finnland nicht so restriktiv sind wie in Deutschland. Die Möglichkeiten, ein Werk bei Nichtauslastung wieder zu schließen, sind in Finnland exzellent, dies hat unter anderem auch die Porsche AG bewogen, das Modell Boxster in Finnland produzieren zu lassen. Zusätzlich sehen Sie einen guten Marktzugang ins Baltikum und nach Skandinavien. Der Traum der Neuen Hanse, die Wiederbelebung der Ostseeanrainermärkte, ist für Sie noch nicht ausgeträumt.

Sie wissen um die Vorliebe von Rolf B. Erger für Großbritannien, halten aber die Gefahren für Produktionsunterbrechungen durch die englische Streikbereitschaft für zu hoch. Außerdem sehen Sie die EU-Zugehörigkeit von Großbritannien als immer noch nicht gefestigt an.

- *Spezielle Rollenvorgabe:* **Kurt Peter Maria Gärtner.** Sie vertreten den Produktionsstandort Taiwan.

Dies hat folgende Gründe: Taiwan ist als Produktionsstandort für Gebrauchsgüter, beispielsweise Fernseher, Mountainbikes u.a., etabliert. Das hohe Niveau der Kommunikationstechnologie ermöglicht eine reibungslose Zusammenarbeit zwischen der Entwicklungsarbeit in Deutschland und der Produktion in Taiwan. In Taiwan ist Ihrer Meinung nach keine zeitaufwändige Aufbauarbeit mehr in Richtung marktwirtschaftliche Systeme nötig, im Gegensatz zu Osteuropa. Sie bevorzugen das Gesetz der Masse, das heißt, Sie gehen davon aus, dass sich so viele ausländische Investoren nicht irren können.

Was erwarten Sie von Vorgesetzten?

Übung

Aufgabe: Ihre Gruppe hat 45 Minuten Zeit, um aus den folgenden 15 Eigenschaften diejenigen fünf auszuwählen, die Ihrer Meinung nach für eine Niederlassungsleiterin unverzichtbar sind.

1. vertrauenswürdig
2. gelassen
3. risikobereit
4. optimistisch
5. fachlich kompetent
6. pragmatisch
7. aufgeschlossen
8. analytisch
9. kreativ
10. ausdauernd
11. motivierend
12. begeisterungsfähig
13. teamfähig
14. einfühlsam
15. durchsetzungsfähig

Auf einen Blick

Im Blick

Gruppendiskussionen

- Die Gruppendiskussion ist eine zentrale Übung im Assessment-Center. Sie ermöglicht die Beobachtung der Kandidaten im direkten Vergleich.
- Für die Beobachter bedeutet die Gruppendiskussion eine Simulation von Besprechungen, Konferenzen und Meetings.
- Weder Kampfverhalten noch Harmoniesucht sind in Gruppendiskussionen angebracht.
- Wissendes Schweigen ist in Gruppendiskussionen fehl am Platz. Sie müssen sich mit Argumenten in Szene setzen.
- Das anzustrebende Ideal für die erfolgreiche Bewältigung von Gruppendiskussionen ist die Moderatorenrolle.
- Damit die Zeitvorgabe eingehalten werden kann, muss die Diskussion strukturiert werden. Zwischenzusammenfassungen sind ebenso notwendig wie eine Schlusszusammenfassung kurz vor dem Ende.
- Detailverliebte Monologe kosten unnötig Zeit. Argumente sollten in Schlagworten und Schlüsselbegriffen gebracht werden.
- In der Vorbereitungszeit sollten Sie sich einen möglichst großen Fundus an Argumenten erarbeiten. Hier hilft die Technik des Brainstorming weiter.
- Um gute Bewertungen in der Gruppendiskussion zu erzielen, sollten Sie Konfrontationen auflösen und schweigsame Teilnehmer einbinden.
- Achten Sie auf Ihre Körpersprache. Erzeugen Sie keine negativen Signale durch Stressgesten und Konfrontationshaltungen. Nehmen Sie eine entspannte Grundhaltung ein.
- Halten Sie bei Ihren Wortbeiträgen Blickkontakt zu anderen Teilnehmern.
- Nutzen Sie Ihre Körpersprache, um sich in heißen Diskussionsphasen Wortbeiträge zu erkämpfen.

8

Konstruktionsübungen

Wenn im Assessment-Center überprüft werden soll, wie Sie mit anderen zusammenarbeiten, wird die Konstruktionsübung eingesetzt. Ihnen werden Materialien gestellt, mit denen Sie ein vorher definiertes Objekt anfertigen müssen. Nicht nur die erfolgreiche Fertigstellung des Objektes wird in dieser Übung bewertet, sondern insbesondere der Umgang der Konstrukteure miteinander.

Konstruktionsübungen sind eine besondere Art der Gruppenübungen. Genauso wie bei Gruppendiskussionen kommt es darauf an, dass Sie ergebnisorientiert agieren. Sorgen Sie dafür, dass alle Teilnehmer in den Übungsverlauf einbezogen sind. Verfallen Sie dabei aber nicht in den Fehler, der Gruppe autoritär Anweisungen geben zu wollen. Unser nachfolgendes Beispiel zeigt Ihnen, was Sie in einer Konstruktionsübung erwarten könnte.

Der Stuhl

Drei Gruppen zu je vier Kandidatinnen und Kandidaten treten gegeneinander an. Jedes Team erhält 500 Blatt Papier und 2 Rollen Klebeband. Die Aufgabe besteht darin, innerhalb von 30 Minuten einen Stuhl mit einer Mindestsitzhöhe von 30 Zentimetern zu konstruieren. In die abschließende Bewertung fließen sowohl die Originalität des Entwurfs als auch die Stabilität der Konstruktion ein.

Darauf sollten Sie achten

Bei Konstruktionsübungen fallen Sie positiv auf, wenn Sie darauf achten, dass alle Gruppenteilnehmer die Gelegenheit haben, Lösungsvorschläge zu machen. Bitten Sie schweigsame Teilnehmer darum, etwas zum Arbeitsprozess beizutragen. Erkundigen Sie sich nach den besonderen Fähigkeiten der einzelnen Gruppenmitglieder. Bezogen auf unser Beispiel könnten Sie danach fragen, wer Statikkenntnisse hat, wer sich um das Design kümmern möchte und wer den Materialverbrauch einteilen will.

Bewerten Sie Vorschläge

In der Vorbereitungsphase der Konstruktion überzeugen Sie, wenn Sie in der Lage sind, wesentliche von unwesentlichen Vorschlägen zu unterscheiden. Steuern Sie auf das gewünschte Ergebnis hin. Achten Sie darauf, dass sich die Teilnehmer Ihres Konstruktionsteams nicht an Detailfragen festbeißen oder sich in persönlichen Angriffen aufreiben.

Auch bei Konstruktionsübungen sollten Sie den Zeitablauf im Auge behalten. Am Ende der vorgegebenen Zeit muss Ihr Team das Objekt fertig gestellt haben. Achten Sie deshalb darauf, dass nach der Planung noch genügend Zeit bleibt, um das Objekt zu bauen. Verlieren sich einzelne Mitglieder Ihres Teams in unnötigen Diskussionen, hilft Ihnen der Verweis auf die Zeit, diese Mitglieder wieder in produktive Abläufe zu integrieren.

Versuchen Sie, ein kreatives Ergebnis zu erzielen

Möglicherweise werden zur Konstruktionsübung mehrere Gruppen gebildet. Wenn konkurrierende Teams in einem Raum tätig sind, müssen Sie darauf achten, dass Ihr Team nicht die Vorschläge und Ausführungen der anderen Teams nachahmt. Die Fähigkeit, in einer Gruppe ein kreatives Ergebnis zu erzielen, beweisen Sie nur dann, wenn Sie einen eigenständigen Entwurf liefern.

Bei Konstruktionsübungen steht der Abstimmungs- und Arbeitsprozess in der Gruppe genauso im Vordergrund wie das Erreichen der vorgegebenen Ziele. Die Teilnehmer, die sich von der in der Gruppe entwickelnden zwischenmenschlichen Eigendynamik nicht ablenken lassen und das Ziel im Auge behalten, setzen sich bei Konstruktionsübungen und damit auch im späteren Arbeitsalltag durch.

Test zur Team- und Projektarbeit

Der Einsatz von Konstruktionsübungen im Assessment-Center kommt eher selten vor, nach unserer Erfahrung liegt die Einsatzquote bei weniger als 5 Prozent. Wenn jedoch viele Ingenieure oder Naturwissenschaftler eingeladen sind, kommt es häufiger zum Einsatz von Konstruktionsübungen. Der Hintergrund ist leicht zu erahnen: Die Verschlankungs-, Umstrukturierungs- und Reorganisationsmaßnahmen der Unternehmen haben dazu geführt, dass immer mehr im Team oder an einem spezifischen Projekt gearbeitet wird.

Deshalb wird gerade bei fachlich sehr anspruchsvoll ausgebildeten Kandidaten, beispielsweise promovierten Chemikern, Physikern oder Ingenieuren, stark auf die soziale und methodische Kompetenz geachtet. Der introvertierte, zerstreute Forscher, der nur in seinem Labor oder am Schreibtisch zu finden ist, kann in heutigen Unternehmen nicht mehr bestehen. Konstruktionsübungen sind daher eine Art Arbeitsprobe, um unter den Augen der aufmerksamen Beobachterkonferenz zu zeigen, welcher der Kandidaten in der Lage ist, in einem Team eine Aufgabe erfolgreich zu lösen.

Auf einen Blick

Konstruktionsübungen

Im Blick

- In Konstruktionsübungen müssen Sie Ihre Teamfähigkeit unter Beweis stellen.
- Bei Konstruktionsübungen steht der Abstimmungs- und Arbeitsprozess in der Gruppe im Vordergrund.
- Ermitteln Sie besondere Fähigkeiten einzelner Kandidaten in Ihrer Arbeitsgruppe.
- Lösen Sie persönliche Spannungen zwischen den Teilnehmern auf.
- Behalten Sie die Zeit im Blick und handeln Sie ergebnisorientiert.

9

Rollenspiele

In Rollenspielen werden Ihre kommunikativen Fähigkeiten getestet. Ist Ihr Gesprächsverhalten ergebnisorientiert oder neigen Sie dazu, die Dinge zu zerreden? Können Sie auf andere eingehen oder reden Sie an ihnen vorbei? Sie bewältigen Rollenspiele optimal, wenn Sie Ihre Gesprächsziele zwar durchsetzen, aber dabei nicht die zwischenmenschliche Ebene zu Ihrem Gesprächspartner zerstören.

Sie erwarten vor allem Mitarbeiter- und Kundengespräche

Die Übung Rollenspiel wird entweder als Mitarbeitergespräch oder als Kundengespräch ausgestaltet. In Mitarbeitergesprächen nehmen Sie die Rolle der Führungskraft ein und müssen einem Mitarbeiter eine für ihn unangenehme Entscheidung des Unternehmens mitteilen oder ihn wegen eines Fehlverhaltens kritisieren. In Kundengesprächen geht es darum, einen Kunden von den Dienstleistungen oder Produkten eines fiktiven Unternehmens zu überzeugen oder auf seine Beschwerden reagieren.

Ihr kommunikatives Geschick auf dem Prüfstand

Unüberschaubare Mengen an Büchern und Seminaren zu den Bereichen Führung, Kommunikation, Vertrieb und Verkauf dokumentieren anschaulich, welchen Stellenwert diese Themenkreise im beruflichen Alltag haben. Bei Hochschulabsolventen wird im Assessment-Center überprüft, ob eine grundlegende Führungskompetenz und kommunikatives Geschick vorhanden sind. Man möchte sehen, ob Sie Gespräche konstruktiv kontrollieren können oder ob Sie unauflösbare Spannungen zwischen sich und Ihrem Gesprächspartner aufbauen. Die Unternehmensvertreter erwarten, dass Hochschulabsolventen in der Lage sind, individuelle Interessen von Mitarbeitern oder Kunden mit den Unternehmensinteressen in Einklang zu bringen.

Interessen in Einklang bringen

Wer im Mitarbeitergespräch nicht in der Lage ist, ein Fehlverhalten des Mitarbeiters auszuräumen, duldet andauernde Störungen betrieblicher Abläufe. Wenn Konflikte durch großzügige Versprechungen aus dem Weg geräumt werden, wird zwar auf die Interessen des Mitarbeiters eingegangen, aber damit verbundene zusätzliche Belastungen für das Unternehmen werden übersehen. Wer seine Entscheidung im Mitarbeitergespräch nicht begründen kann und sich durch Rückzug auf die Hierarchie durchsetzen will, kann Mitarbeiter in die innere Kündigung treiben. In diesem Fall leiden die Interessen des Mitarbeiters genauso wie die Interessen des Unternehmens.

Auch im Kundengespräch ist es wichtig, einen Interessenabgleich zwischen den Wünschen des Kunden und den Möglichkeiten des Unternehmens zu finden. Kundenorientierung bedeutet nicht, dass man im Gespräch mit verärgerten Kunden unrealistische Zugeständnisse macht. Aber der Verlust eines Kunden ist ebenfalls nicht tolerierbar. Es überzeugt derjenige, der eine der Situation angemessene Lösung entwickelt, die für beide Seiten vorteilhaft ist. Im Gespräch muss dann auf diese Zielvereinbarung hingearbeitet werden.

Auf eine Zielvereinbarung hinarbeiten

Egal ob Mitarbeiter- oder Kundengespräch: Es gibt Gemeinsamkeiten bei der Durchführung der Übung. Ausgewählte Gesprächstechniken helfen Ihnen dabei, die beiden Versionen von Rollenspielen in den Griff zu bekommen.

In Rollenspielen überzeugen Sie, wenn Sie Gespräche strukturiert führen, teilnehmerbezogen argumentieren und in der vorgegebenen Zeit zu einem Ergebnis kommen. Riskieren Sie auf keinen Fall den ergebnislosen Abbruch des Gespräches durch den Moderator. Lassen Sie nicht zu, dass der Mitarbeiter oder der Kunde die Gesprächsführung übernimmt und Sie in die Defensive drängt. Sie müssen sich die Gesprächszeit einteilen und das Gespräch aktiv gestalten. Die Gesprächsimpulse müssen von Ihrer Seite kommen.

Gestalten Sie aktiv die Gesprächsführung

In Rollenspielen wird Ihr Gesprächspartner in der Regel nicht aus der Gruppe der Kandidaten besetzt, sondern aus dem Beobachterkreis, oder er wird vom Moderator gespielt. Rechnen Sie deshalb bei Ihrem Gegenüber mit starkem Widerstand und längeren Phasen der Uneinsichtigkeit. Unser nachfolgendes Beispiel zeigt Ihnen, dass sich Ihr fiktiver Gesprächspartner im Assessment-Center renitenter verhalten wird, als dies im beruflichen Alltag der Fall ist.

Beratung

Aus unserer Beratungspraxis

Der nette Chef

Ein Teilnehmer eines Assessment-Centers hatte gelesen, dass es besonders wichtig wäre, stets auf die Sorgen und Nöte der Mitarbeiter einzugehen. Bei dem Rollenspiel: »Ein Mitarbeiter Ihrer Abteilung kommt ständig zu spät, sorgen Sie dafür, dass er in Zukunft pünktlich kommt«, war er fest entschlossen, eine innere Motivation bei dem Mitarbeiter aufzubauen.

Am Anfang des Gespräches versuchte er gar nicht erst, den Sachverhalt zu klären, sondern fragte gleich, ob den Mitarbeiter etwas belasten würde. Dieser nutzte die Chance, erzählte von seiner kranken Frau, den Schwierigkeiten des öffentlichen Nahverkehrs und seinem geringen Gehalt, das es ihm nicht erlaube, ein pannensicheres

Auto zu erwerben. Dann behauptete der Mitarbeiter, dass niemand in der Abteilung pünktlich zur Arbeit erschiene und dass er ja ab und zu auch länger bliebe, um die Arbeitszeitvorgaben zu erfüllen.

Unser Vorgesetzter reagierte nur mit: »Was kann man denn da machen?« Der Mitarbeiter wusste, wie Abhilfe zu schaffen sei. Das Gespräch endete damit, dass dem Mitarbeiter als Einzigem in der Abteilung Gleitzeit eingeräumt wurde. Der Vorgesetzte versprach ihm zu prüfen, ob er einen Dienstwagen erhalten könnte, und stellte ihm eine Gruppenleiterposition in der Abteilung in Aussicht. Das Zuspätkommen des Mitarbeiters wurde am Ende des Gespräches überhaupt nicht mehr thematisiert. Hoch zufrieden konnte der Mitarbeiter das Gespräch beenden und ließ den Vorgesetzten auf seinen Versprechungen sitzen.

Fazit: Als angehende Führungskraft sollten Sie sich bei Mitarbeitergesprächen auch als solche erweisen. Lassen Sie nicht zu, dass man Ihre Führungsposition untergräbt. Klären Sie am Gesprächsanfang unbedingt den Sachverhalt, der zu besprechen ist. Gehen Sie nicht auf ungeprüfte Behauptungen und Gerüchte ein. Belohnen Sie auf keinen Fall ein Fehlverhalten des Mitarbeiters.

Verfolgen Sie im Gespräch konsequent Ihre Ziele

Zeigen Sie im Gespräch mit Mitarbeitern oder Kunden, dass Sie in der Lage sind, sich Ziele zu setzen und diese im Gespräch konsequent zu verfolgen. Verdeutlichen Sie Ihr Kommunikationsgeschick, indem Sie sich durchsetzen, ohne Mitarbeiter in die innere Kündigung oder Kunden in die Arme von Mitbewerbern zu treiben.

Mitarbeitergespräch

Gestalten Sie das Gespräch ergebnisorientiert

Im Mitarbeitergespräch überzeugen Sie die Beobachter, wenn Sie das Gespräch ergebnisorientiert gestalten. Verstricken Sie sich nicht in vorgebrachten Anschuldigungen, Gerüchten, Vorwürfen und unbewiesenen Behauptungen. Machen Sie von Anfang an klar, dass Sie sich das Ruder nicht aus der Hand nehmen lassen. Versuchen Sie zuerst einmal den Sachverhalt zu klären, bevor Sie in die Gründe für das Verhalten des Mitarbeiters einsteigen. Es geschieht häufig, dass in Mitarbeitergesprächen eine heiße Diskussion entsteht über die mutmaßlichen Gründe, die dem Verhalten des Mitarbeiters zugrunde liegen. Nur wird dabei meistens das eigentliche kritikwürdige Verhalten des Mitarbeiters aus den Augen verloren. Seien Sie darauf vorbereitet, dass Ihr Gesprächspartner im Mitarbeitergespräch ständig versuchen wird, Nebenkriegsschauplätze zu eröffnen, um vom eigentlichen Thema des Gesprächs abzulenken.

Lassen Sie sich nicht in unnötige Diskussionen verstricken. Machen Sie dem Mitarbeiter sein Fehlverhalten klar. Erklären Sie ihm auch, wie sein Verhalten sich negativ auf Informationsprozesse oder Arbeitsabläufe im Unternehmen auswirkt. Führen Sie ihm die Konsequenzen seines Verhaltens vor Augen. Artikulieren Sie dann klar und deutlich, welches Verhalten Sie in Zukunft von ihm erwarten und kündigen Sie die Überprüfung der von Ihnen vorgegebenen Verhaltensrichtlinien an. Welche konkreten Themenstellungen Sie erwarten können, finden Sie in unserem Beispiel.

Beispiel

Themen in Mitarbeitergesprächen

1. Ihr Stellvertreter enthält Ihnen Informationen vor und leitet Entscheidungsvorlagen hinter Ihrem Rücken an die Geschäftsleitung weiter. Bestellen Sie ihn zu einem Gespräch und sorgen Sie dafür, dass er seine Ausarbeitungen immer Ihnen zukommen lässt.

2. Ein Mitarbeiter in der Produktion hat wiederholt Sicherheitsvorschriften verletzt. Machen Sie ihm deutlich, dass Sie dieses Verhalten nicht dulden.

3. Als Regionalleiter im Vertrieb stellen Sie fest, dass einer Ihrer Außendienstmitarbeiter nicht genügend Kundenbesuche durchführt. Seine Verkaufszahlen sind jedoch überdurchschnittlich. Bringen Sie ihn dennoch dazu, die vorgeschriebene Zahl der Kundenbesuche einzuhalten.

Bei Mitarbeitergesprächen ist vor allem Ihr Zeitmanagement gefragt. Sie bekommen für das durchzuführende Gespräch eine Zeitvorgabe, beispielsweise werden Ihnen fünf Minuten Vorbereitungszeit und zehn Minuten Gesprächszeit eingeräumt. Notieren Sie sich in Ihren Unterlagen Anfangszeit und das Ende des Gespräches. Behalten Sie die Zeit im Blick, denn Sie müssen in der vorgegebenen Zeit zu einem Ergebnis kommen. Wenn der Zeitrahmen überschritten ist, wird Ihr Gespräch - auch ohne Ergebnis - abgebrochen.

Behalten Sie die Zeit im Blick

Aus unserer Beratungspraxis wissen wir, dass unvorbereitete Hochschulabsolventen bei Mitarbeitergesprächen zu einem unflexiblen Kommunikationsstil neigen, der in der Folge zu zwei Extremreaktionen führt: Die einen reagieren dann zu weich und die anderen zu autoritär-abwertend.

Zu weich heißt, dass die Kandidaten ihre Rolle therapeutisch sehen. Dies äußert sich in Formulierungen wie »Haben Sie ein Problem?«, »Fühlen Sie sich nicht anerkannt?« oder »Bedrückt Sie etwas?«. Für das kritikwürdige Verhalten des Mitarbeiters stellen sie dann Belohnungen wie Beförderungen, Weiterbildungen oder Sonderurlaub in Aussicht. Und sie lassen sich ständig durch Ablenkungsmanöver des schwierigen Mitarbeiters vom Kern des Gesprächs weglocken.

Seien Sie weder zu zurückhaltend noch zu autoritär

Beobachter werden durch dieses harmoniesüchtige Verhalten an die im betrieblichen Alltag gefürchteten »Ich-mach-esjedem-recht-Vorgesetzten« erinnert. Diese Vorgesetzten versprechen viel im Mitarbeitergespräch, aber wenn die Mitarbeiter dann die Versprechungen einfordern, können sie sich an nichts mehr erinnern. Oder sie schieben Sachzwänge vor, auf die sie leider keinen Einfluss haben und machen die Geschäftsleitung dafür verantwortlich, dass sie dem Mitarbeiter nicht weiterhelfen können.

Seien Sie nicht konfliktscheu

Diese konfliktscheuen Kandidaten sind außerdem dafür bekannt, dass ihr weicher Stil nach einiger Zeit kippt. Denn wenn sie merken, dass ihr wohlmeinender Gesprächsstil zu nichts führt, schalten sie plötzlich auf Angriff um. Dann versuchen sie, durch Ausspielen ihrer höheren Stellung in der Firmenhierarchie dem Mitarbeiter ein neues Verhalten zu befehlen. Durch diese Wechselbäder im Gesprächsstil verspielen diese Vorgesetzten jedoch zumeist den Respekt ihrer Mitarbeiter.

Bauen Sie Ihre Gesprächstechniken aus

Kandidaten, die im Rollenspiel mit Mitarbeitern zu einem autoritär-abwertenden Verhalten tendieren, lassen vermuten, dass ihr Instrumentarium der zukünftigen Mitarbeiterführung aus drei Sätzen besteht: »Draußen warten noch genug andere auf Ihren Job!«, »Von Ihnen habe ich nichts anderes erwartet!« und »Manche Menschen taugen nur als abschreckendes Beispiel!« Sie ersetzen sachliche Kritik, die veränderungsbedürftiges Verhalten konkret benennt und Alternativen aufzeigt, durch Verallgemeinerungen. Es scheint diesen Kandidaten nur darum zu gehen, ihren Gesprächspartner abzuwerten. Als Reaktion auf diesen autoritär-abwertenden Gesprächsstil gehen die Mitarbeiter dann zum – für das Unternehmen unproduktiven – Dienst nach Vorschrift über. Zukünftige Anweisungen von diesen Vorgesetzten werden dann bestenfalls hingenommen, aber nicht mehr im Unternehmensinteresse umgesetzt.

Sie werden es besser machen, wenn Sie Ihre Gesprächstechniken ausbauen und sich dadurch ein für Mitarbeitergespräche konstruktives Instrumentarium erarbeiten. Nutzen Sie dazu unser Ablaufschema für Mitarbeitergespräche in Übersicht 4.

Ablauf von Mitarbeitergesprächen

Übersicht 4

1. Begrüßen Sie den Mitarbeiter und erläutern Sie ihm, dass es um sein Verhalten am Arbeitsplatz geht.
2. Teilen Sie ihm die Beobachtung, um die es geht, mit und lassen Sie sich die Beobachtung bestätigen. Bewerten Sie das angesprochene Verhalten auf keinen Fall schon zu diesem Zeitpunkt.
3. Bitten Sie den Mitarbeiter um seine Stellungnahme zu dem angesprochenen Verhalten.
4. Geben Sie nun Ihre Stellungnahme ab und bewerten Sie das Verhalten des Mitarbeiters.
5. Zeigen Sie Ihrem Mitarbeiter Folgen auf, die für ihn, für andere Mitarbeiter und für das gesamte Unternehmen entstehen, wenn er sein Verhalten nicht ändert.
6. Beobachten Sie genau, ob der Mitarbeiter einlenkt. In diesem Fall erarbeiten Sie mit ihm eine konstruktive Lösung. Bleibt er dagegen stur, drohen Sie ihm Konsequenzen an.
7. Machen Sie zum Abschluss des Mitarbeitergespräches klar, welches Verhalten Sie in Zukunft erwarten. Weisen Sie darauf hin, dass Sie das künftige Verhalten Ihres Mitarbeiters daraufhin im Blick behalten werden.

Ein Mitarbeitergespräch ist ein Dialog

Achten Sie darauf, dass Sie bei der Schilderung des beobachteten und zu kritisierenden Verhaltens nicht voreilig Bewertungen abgeben. Ein Mitarbeitergespräch ist ein Dialog, das heißt, dass Sie die Ihnen vorliegenden Informationen mithilfe des Mitarbeiters vervollständigen wollen. Klären Sie deshalb zuerst den Sachverhalt. Fassen Sie zusammen, was vorgefallen ist, und lassen Sie sich vom Mitarbeiter bestätigen, dass er dieses (Fehl-) Verhalten gezeigt hat. Erst dann reden Sie mit ihm über die Gründe für sein Verhalten. Bei der Sachverhaltsklärung müssen Sie auf jeden Fall mit Ausflüchten und vielleicht mit Unterbrechungen durch den Mitarbeiter rechnen. Lassen Sie sich dadurch nicht aus dem Konzept bringen. Reden Sie weiter und teilen Sie dem Mitarbeiter mit, dass seine Meinung im Anschluss an Ihre Ausführungen gefragt ist.

Bringen Sie Ihr Gegenüber zum Sprechen

Durch die Anspannung in der Stresssituation Rollenspiel tendieren manche unvorbereiteten Kandidaten zum Dauerreden. Wichtig ist jedoch, dass auch ein schweigsamer Mitarbeiter zum Reden gebracht wird. Monologe des Vorgesetzten, die von dem Mitarbeiter nur mit ja oder nein beantwortet werden, führen nicht weiter. Setzen Sie offene Fragen (so genannte W-Fragen) ein, beispielsweise »Warum machen Sie ...?«, »Welche Gründe haben aus Ihrer Sicht dazu geführt, dass ...?« und bringen Sie den Mitarbeiter dazu, selbst Stellung zu nehmen. Üben Sie auch, in Ihre Ausführungen Pausen einzubauen, um Ihrem Gegenüber Platz für seine Sicht der Dinge zu geben.

Wenn Sie im Gespräch erreichen, dass das angesprochene Verhalten eindeutig negativ gesehen wird, schaffen Sie sich die Basis, um Ihren Mitarbeiter argumentativ zu Änderungen zu bewegen. Geeignete Formulierungen sind beispielsweise: »Ihr Verhalten hat doch eine Signalwirkung auf Kollegen, Mitarbeiter und die Auszubildenden«, »Wenn sich alle so wie Sie verhalten, ist ein geordneter Arbeitsablauf nicht mehr möglich« oder »Der Ruf unseres Unternehmens ist durch Ihr Verhalten gefährdet, damit schaden Sie in letzter Konsequenz auch sich selbst«.

Achten Sie auf Signale des Einlenkens

Beobachten Sie genau, ob Ihr Mitarbeiter einlenkt. Wenn Sie Anzeichen dafür erkennen, fassen Sie das Gesprächsergebnis zusammen. Weisen Sie darauf hin, dass Sie erwarten, dass Ihr Mitarbeiter das kritisierte Verhalten zukünftig unterlässt und dass Sie im Auge behalten werden, ob er sich so wie vereinbart verhält, beispielsweise mit den Worten: »Herr Müller, ich werde persönlich überprüfen ob ... nicht mehr vorkommt.«

Beenden Sie das Gespräch aktiv, stehen Sie auf und verabschieden Sie Ihren Mitarbeiter. Nichts ist schlimmer als Gespräche, die keine Inhalte und kein Ziel mehr haben und so lange weiterlaufen, bis sie von Seiten der Veranstalter abgebrochen werden.

Damit Sie die Umsetzung unseres Ablaufschemas für Mitarbeitergespräche anhand eines konkreten Falls nachvollziehen können, haben wir für Sie ein Kritikgespräch aufgezeichnet, das anhand des Schemas geführt wurde.

Der unpünktliche Mitarbeiter

Beispiel

Führungskraft: »Guten Tag, Herr Schmidt. Ich habe Sie zu mir gerufen, da Sie morgens oft nicht an Ihrem Arbeitsplatz sind.«

Mitarbeiter: »Also, Herr Frisch, da muss eine Fehlinformation vorliegen. Ich bin immer da, bevor die Arbeit richtig losgeht.«

Führungskraft: »Ich weiß, dass Sie sehr oft zu spät kommen.«

Mitarbeiter: »Die anderen aus meiner Abteilung sind doch auch nicht immer pünktlich.«

Führungskraft: »Sie geben also zu, dass Sie unpünktlich erscheinen.«

Mitarbeiter: »Die paar Minuten, das ist eigentlich kein Zuspätkommen. Außerdem ist es in unserer Abteilung so üblich.«

Mitarbeitergespräch

Führungskraft: »Mir liegen Ihre Stechkarten vor, können wir uns darauf einigen, dass Sie zu spät kommen, um dann zusammen über die Gründe zu sprechen.«

Mitarbeiter: »Ja gut, ich bin öfter mal zu spät dran. Aber das liegt nur daran, das die Busverbindungen so schlecht sind. Meine Frau braucht im Moment das Auto.«

Führungskraft: »Nehmen Sie einen früheren Bus.«

Mitarbeiter: »Dann bin ich ja eine halbe Stunde vor Arbeitsbeginn hier, das bezahlt mir doch keiner.«

Führungskraft: »Sehen Sie, Herr Schmidt, es ist wichtig, dass Sie auf jeden Fall zu Beginn Ihrer Arbeitszeit an Ihrem Arbeitsplatz sind. Wenn Kollegen oder Kunden Sie erreichen wollen, muss dies auch frühmorgens möglich sein. Prüfen Sie doch einmal die Möglichkeit, ob Sie eine Fahrgemeinschaft bilden können.«

Mitarbeiter: »Dann komme ich ja wieder zu spät, denn meine Kollegen sind ja auch zu spät dran.«

Führungskraft: »Um Ihre Kollegen geht es im Moment nicht, aber Sie könnten eine Fahrgemeinschaft bilden.«

Mitarbeiter: »Ja, das wäre möglich.«

Führungskraft: »Sprechen Sie Ihre Kollegen an, geben Sie mir bitte eine Rückmeldung darüber, mit wem Sie eine Fahrgemeinschaft bilden werden. In den nächsten zwei Wochen werde ich zu Arbeitsbeginn in Ihrer Abteilung vorbeischauen. Ich erwarte, dass Sie pünktlich sind. Ob andere ebenfalls unpünktlich sind, wird sich dann ja klären. Sind wir uns einig?«

Mitarbeiter: »Ja, Herr Frisch, ich versuche es auf jeden Fall.«

Führungskraft: »Das reicht mir nicht. Ich erwarte, dass Sie pünktlich sind.«

Mitarbeiter: »Ich gebe mein Bestes.«

Führungskraft: »Ich werde überprüfen, ob Sie wirklich Ihr Bestes geben und in Zukunft pünktlich sind. Auf Wiedersehen bis morgen früh, Herr Schmidt.«

Mitarbeiter: »Auf Wiedersehen, Herr Frisch.«

Das letzte Mittel: die Abmahnung

Ihr Gesprächspartner im Mitarbeitergespräch wird versuchen, es Ihnen so schwer wie möglich zu machen. Rechnen Sie also nicht damit, dass Ihre Gesprächspartner einfach und gefügig sind. Lenkt Ihr Mitarbeiter nach mehreren Überzeugungsversuchen trotz des vorher übereinstimmend festgestellten Fehlverhaltens nicht ein, dann wird es Zeit, die Keule Abmahnung zu schwingen. An dieser Stelle darf Ihnen jedoch nicht passieren, dass Sie bei renitenten Gesprächspartnern mit feuerrotem Kopf brüllen: »Wenn Sie das nicht akzeptieren, bekommen Sie die Kündigung!« Versuchen Sie stattdessen, dem Mitarbeiter vor Augen zu führen, dass er – und nicht das Unternehmen – etwas zu verlieren hat. Stellen Sie ihm für den Fall, dass keine Verhaltensänderungen folgen, eine Abmahnung in Aussicht, und weisen Sie darauf hin, dass mehrere Abmahnungen eine Kündigung zur Folge haben.

Bevor Sie im Mitarbeitergespräch die Möglichkeit einer Abmahnung in den Raum stellen, sollten Sie dem Mitarbeiter noch eine letzte Chance zum Einlenken geben. Nutzen Sie die Formulierung: »Wenn Sie an meiner Stelle säßen, was müsste ich dann sagen, damit Sie Ihr Verhalten in Zukunft ändern?« Sie zwingen mit diesem Satz Ihren Mitarbeiter dazu, Ihre Perspektive einzunehmen und selbst Vorschläge zu machen. Dadurch wird er aus seiner Blockadehaltung gelöst und muss sich an einer produktiven Lösung beteiligen.

Geben Sie eine Chance zum Einlenken

Übungen zur Vorbereitung

Bitten Sie einen Bekannten oder Freund, mit Ihnen Mitarbeitergespräche durchzuspielen. Instruieren Sie ihn, dass er sich möglichst lange widerspenstig und uneinsichtig verhalten soll. Orientieren Sie sich bei Ihrer Gesprächsführung an unserem Schema. Halten Sie die in den einzelnen Übungen vorgegebene Zeit ein.

Mitarbeitergespräche

Übungen

Der Gruppenleiter

Sie sind Abteilungsleiter/in und Ihr Gruppenleiter handelt in letzter Zeit an Ihnen vorbei, enthält Informationen vor und erzählt hinter Ihrem Rücken, dass Sie reif für die Frühpension sind. Bereits vor sechs Wochen haben Sie in dieser Angelegenheit mit ihm ein Gespräch geführt, er hatte Besserung versprochen. Sie wollen Ihren Gruppenleiter nicht verlieren, weil er, abgesehen von den Ausfällen in letzter Zeit, ausgezeichnete Arbeitsleistungen erbringt. Sie haben für Ihr Gespräch zwölf Minuten Zeit.

Der Hund

Übung 2

Sie sind Gebietsleiter/in einer Vertriebsmannschaft von zehn Außendienstmitarbeiterinnen und -mitarbeitern. Im letzten Monat haben sich fünf Kunden bei Ihnen beschwert, da eine Ihrer Außendienstmitarbeiterinnen zu Gesprächen ihren Hund mitgebracht hat. Drei andere Kunden haben sich beschwert, weil der Hund auf dem Kundenparkplatz laut im Auto gekläfft hat. Machen Sie der Außendienstmitarbeiterin, Frau Kuhls, klar, dass sie ihren Hund nicht während der Arbeitszeit mitnehmen kann. Sie haben für Ihr Gespräch sieben Minuten Zeit.

Keine Beförderung

Übung 3

Sie sind Leiter/in der Personalabteilung. Bei der Besetzung der Stelle des stellvertretenden Abteilungsleiters in Ihrer Abteilung hatten Sie zwischen drei Kandidaten zu entscheiden:

1. *Alfons Kühnat* Herr Kühnat trat vor fünf Jahren als Vertriebsassistent mit kaufmännischer Ausbildung in das Unternehmen ein. Er ist 30 Jahre alt und ledig. Nach zwei Jahren Tätigkeit übernahm er die Position eines Gruppenleiters im Vertrieb. Im Kollegenkreis gilt er als umgänglich, aber etwas zurückhaltend. Seine Stärken sind die effiziente Neuorganisation des Vertriebs und die Ergebnissteigerungen in seinem Vertriebsbereich.

2. *Merild Schwarz* Frau Schwarz ist seit zwei Jahren Assistentin der Geschäftsleitung. Gleich nach ihrem Abschluss als Diplom-Kauffrau an der Universität Saarbrücken trat

sie in das Unternehmen ein. Die ihr übertragenen Aufgaben erledigt sie in angemessener Frist. Sie neigt jedoch dazu, zu kreativ zu sein, und vernachlässigt das Tagesgeschäft zugunsten strategischer Konzepte. Herr Eberlein hat ein sehr gutes Verhältnis zu ihr, da auch er strategische Aspekte gerade im Personalentwicklungsbereich als vernachlässigt ansieht.

3. Hans Eberlein Hans Eberlein ist 48 Jahre alt, verheiratet und hat zwei Kinder. Nach einer langjährigen Tätigkeit als Fertigungsingenieur übernahm er Ausbildungsaufgaben im technischen Bereich und ist seit acht Jahren Ausbildungsleiter für das gesamte Unternehmen. Vor drei Jahren bewarb er sich um die Stelle als Leiter der Personalentwicklung in einer Zweigniederlassung des Unternehmens. Aufgrund seiner Erfahrung im Ausbildungsbereich hielt man es jedoch nicht für zweckmäßig, ihn von seiner jetzigen Position zu entbinden. Man vertröstete ihn auf die zu einem späteren Zeitpunkt frei werdende Stelle eines stellvertretenden Personalabteilungsleiters im Stammhaus. Herr Eberlein war während Ihres Training-on-the-Job-Einstiegs ins Unternehmen auch Ihr Ansprechpartner in Ausbildungsfragen.

Sie haben sich für Alfons Kühnat aufgrund seiner Erfahrung mit Vertriebsmitarbeitern und seiner ergebnisorientierten Arbeitsmethodik entschieden.

Gleich kommt Herr Eberlein, den Sie für ein Gespräch bestellt haben, um ihm mitzuteilen, wie Ihre Entscheidung bei der Stellenbesetzung ausgefallen ist. Sie wissen, dass Herr Eberlein Ihre Entscheidung anzweifeln wird. Erklären Sie Herrn Eberlein Ihre Entscheidung und motivieren Sie ihn, auch weiterhin engagiert als Ausbildungsleiter zu arbeiten. Sie haben für Ihr Gespräch 15 Minuten Zeit.

Überforderung

Übung 4

Einer Ihrer Projektleiter bombardiert die Abteilungssekretärin ständig mit abzutippenden Ausarbeitungen und Strategiekonzepten. Seine Abteilungskollegen haben sich darüber beschwert, dass ihre Schreibarbeiten liegen bleiben, und Sie als Abteilungsleiter um Klärung des Problems gebeten. Für Ihr Gespräch haben Sie zehn Minuten Zeit.

Der Kassierer

Übung 5

Sie sind Filialleiter einer Bank. Ihnen ist zu Ohren gekommen, dass Ihr Kassierer, Herr Schlenz, den Safe nicht ordnungsgemäß verschließt, wenn er zur Toilette geht. Machen Sie ihm klar, dass Sie dieses Verhalten nicht dulden können. Für das Gespräch haben Sie fünf Minuten Zeit.

Kundengespräch

Bei Kundengesprächen überprüfen die Beobachter, wie ausgeprägt Ihr kommunikatives Geschick im Umgang mit Kunden ist. Hier wird man Sie mit einem Verkaufsgespräch oder mit einem Reklamationsgespräch konfrontieren. Entweder sind Ihre verkäuferischen Fähigkeiten gefragt, oder man möchte Ihre Reaktion auf Kritik unzufriedener Geschäftspartner sehen.

Kundengespräche auch außerhalb des Vertriebs wichtig

Bei Kundengesprächen wird auch beobachtet, ob Sie vorgegebene Gesprächsziele verfolgen können. Kundengespräche werden im Assessment-Center nicht nur eingesetzt, wenn Positionen im Vertrieb zu besetzen sind. Auch Hochschulabsolventen, die sich für andere Bereiche interessieren, müssen damit rechnen, auf die Übung Kundengespräch zu treffen. Für die Unternehmen ist es wichtig festzustellen, ob ihre zukünftigen Mitarbeiter Gesprächssituationen entschärfen, Gemeinsamkeiten herausarbeiten und unternehmerisch handeln können.

Die Gesprächsaufgaben in der Anfangszeit der Assessment-Center lauteten überspitzt: »Verkaufen Sie einen Kühlschrank an einen Eskimo!« oder »Hier ist ein Kugelschreiber, bringen Sie mich in drei Minuten dazu, ihn zu kaufen!« Heute treffen Hochschulabsolventen im Assessment-Center auf Themenstellungen, die sehr viel differenzierter und realitätsnäher geworden sind, wie Ihnen unser nachfolgendes Beispiel zeigt.

Themen in Kundengesprächen

Beispiele

Thema: »Sie sind Anlageberater und sollen einem freiberuflich tätigen Architekten einen Alterssicherungsfonds verkaufen.«

Thema: »Sie sind Großkundenbetreuer und haben die Aufgabe, einen wichtigen Stammkunden, der nach mehrmaliger Lieferung von mangelhafter Ware angedroht hat, künftig bei Mitbewerbern zu ordern, davon zu überzeugen, auch weiterhin bei Ihrem Unternehmen zu kaufen.«

Thema: »Überzeugen Sie den Inhaber eines Elektrofachhandels davon, das neue Computerspiel Ihres Softwarehauses bevorzugt zu präsentieren.«

Agieren Sie als Unternehmensrepräsentant

Entscheidend für erfolgreiche Kundengespräche im Assessment-Center ist Ihre Fähigkeit, sich mit der vorgegebenen Rolle zu identifizieren. Sie agieren im Kundengespräch nicht als Privatmensch, sondern als Unternehmensrepräsentant. Dieser Rolle müssen Sie sich durchgehend bewusst sein.

Sie bewältigen Kundengespräche, wenn Sie engagiert, ausdauernd und kundenbezogen argumentieren. Sie sollten deshalb

- in Ihren Argumenten die berufliche Position des Kunden berücksichtigen,
- Kundenwünsche detailliert herausarbeiten,
- die Vorteile Ihres Angebotes herausstellen und
- zu einem (Verkaufs-)Abschluss kommen.

Passen Sie Ihren Sprachgebrauch an den Kunden an

Die berufliche Position des Kunden: Absolventen mit einem ingenieur- oder naturwissenschaftlichen Abschluss versuchen oft, Kunden mit fachlichen Argumenten zu erschlagen. Die Aufzählung von Fachtermini oder der Verweis auf technisch perfekte Lösungen ist jedoch nur dann sinnvoll, wenn Ihnen ebenfalls ein Fachmann gegenübersitzt. Beachten Sie deshalb die in der Aufgabenstellung genannte Position des Kunden, auf den Sie treffen, und passen Sie Ihren Sprachgebrauch an den seinen an. Ihre Argumente müssen für den Kunden verständlich sein, sonst laufen sie ins Leere.

Kundenwünsche herausarbeiten: Wichtig für Ihren Erfolg ist es, im Gespräch die Wünsche des Kunden herauszuarbeiten. Erfragen Sie, welche Anforderungen der Kunde an die angebotene Dienstleistung oder das Produkt stellt. Legt der Kunde Wert auf bestimmte qualitative Standards? Möchte er im Anschluss an den Verkauf verstärkt Beratung und Service? Welche Rolle spielen Erfahrungen von anderen Käufern? Welchen Kostenrahmen hat der Kunde zur Verfügung?

Bedenken Sie die Folgen Ihrer Angebote

Gehen Sie im Kundengespräch auch darauf ein, ob der Kunde Stamm- oder Neukunde ist. Bedenken Sie, dass Preisnachlässe Folgen für zukünftige Verhandlungen nach sich ziehen. Bringen Sie in Erfahrung, ob der Kunde Interesse an weiteren Dienstleistungen oder Produkten Ihres Unternehmens hat. Machen Sie gegebenenfalls ein Angebot in Form einer Paketlösung.

Die Herausarbeitung der Kundenwünsche ist der zentrale Punkt im Kundengespräch. Wenn Sie an dieser Stelle scheitern, werden Sie Ihre Ziele nicht erreichen. Wichtig ist, dass Sie mit dem Kunden in einen Dialog treten. Verwechseln Sie ein Kundengespräch nicht mit einer Drückersituation: Wenn Sie sich darauf beschränken, dem Kunden immer wieder Ihr Produkt oder Ihre Dienstleistung anzupreisen, stellen Sie sich nicht als kundenorientierter Verkäufer, sondern als Marktschreier dar. Ihr Gegenüber im Verkaufsgespräch wird sich dann generell darauf beschränken, Ihre Angebote abzulehnen. Sie hören dann ständig: »Interessiert mich nicht«, »Die Konkurrenz ist billiger« oder »Ihre Produkte sind qualitativ minderwertig«. Bringen Sie unbedingt Ihren Kunden zum Reden und damit dazu, eigene Vorstellungen zu äußern.

Treten Sie mit dem Kunden in einen Dialog

Die Vorteile Ihres Angebotes: Versteifen Sie sich zunächst nicht darauf, Ihre Dienstleistung oder Ihr Produkt an die Frau oder den Mann bringen zu wollen. Bringen Sie den Kunden zuerst dazu zuzugeben, dass er das Produkt oder die Dienstleistung ganz generell braucht – unabhängig davon, ob Ihr Unternehmen liefert oder ein anderes. Lassen Sie anschließend den Kunden seine Anforderungen an das Produkt offen legen. So verhindern Sie, dass er sich auf das Abblocken Ihrer Vorschläge zurückzieht. Verwenden Sie dazu beispielsweise die Formulierung: »Was muss ich Ihnen bieten, damit mein Angebot für Sie interessant wird?«

Arbeiten Sie dann die Übereinstimmung Ihrer Leistungen mit den Kundenwünschen Punkt für Punkt heraus. Aber Vorsicht bei Preisdiskussionen: Sie verlieren Punkte bei den Beobachtern, wenn Sie unübliche Rabatte einräumen. Verweisen Sie ausdauernd auf besondere Leistungen Ihres Unternehmens, wie Service, Termintreue, Beratungskompetenz, Schulung, Marktführerschaft.

Arbeiten Sie Übereinstimmung heraus

Abschluss: Beenden Sie Kundengespräche aktiv. Viele Kandidaten tun sich schwer damit, bei Kundengesprächen zu einem

Abschluss zu kommen. Aber Sie müssen im Kundengespräch ein konkretes Ergebnis erzielen. Der Verkaufsabschluss ist der Idealfall. Ein konkretes Ergebnis ist aber auch die Vereinbarung, ein neues Angebot zuzusenden, oder ein Termin für ein Anschlussgespräch. Halten Sie deshalb das Ergebnis fest. Diese Anforderung erfüllen Sie, indem Sie am Gesprächsende die herausgearbeiteten Gemeinsamkeiten zusammenfassen. Stellen Sie die Punkte heraus, an denen Sie zu einer Einigung gekommen sind. Die Punkte, bei denen es noch Informations- und Klärungsbedarf gibt, sprechen Sie von sich aus an und stellen dem Kunden weitere Auskünfte in Aussicht. Klären Sie den weiteren Ablauf und vereinbaren Sie einen neuen Termin.

Kommen Sie zu einem konkreten Ergebnis

Unser Beispiel »Das Lifestyle-Magazin« zeigt Ihnen, wie ein Kundengespräch nach unserem vorgestellten Schema ablaufen kann.

Beispiel

Das Lifestyle-Magazin

Aufgabenstellung: »Bringen Sie einen Tankstellenpächter dazu, das neue Lifestyle-Magazin Ihres Verlages zu ordern.«

Außendienstmitarbeiter: »GutenTag, Herr Johansson, mein Name ist Bernd Preusser. Ich komme vom FitVerlag und würde Ihnen gerne eine Möglichkeit vorstellen, Ihre Gewinnspanne zu erhöhen.«

Tankstellenpächter: »Guten Tag, Herr Preusser. Das ist ja nett, dass Sie an meinen Gewinn denken, aber ich brauche keine zusätzlichen Produkte hier in meinem Verkaufsraum.«

Außendienstmitarbeiter: »Ich wollte Ihnen auch keine zusätzlichen Sachen hinstellen, Herr Johansson, sondern mit Ihnen klären, wie der vorhandene Platz so genutzt werden kann, dass er möglichst viel Gewinn einspielt. Von den Gewinnen aus dem Treibstoffverkauf dürften Sie ja wahrscheinlich kaum noch leben können.«

Tankstellenpächter: »Da haben Sie Recht, Herr Preusser, das ist doch unmöglich, wie die Steuerschraube immer weiter angezogen wird. Unsere Gewinnmargen reichen ja jetzt schon nicht mehr zum Überleben.«

Außendienstmitarbeiter: »Deswegen sollten wir uns zusammen überlegen, wie wir möglichst viel Geld aus dem Tankstellenmarkt herausholen. Wie sieht aus Ihrer Sicht das optimale Produkt für den Verkaufsraum aus?«

Tankstellenpächter: »Natürlich sollten die Sachen möglichst reißend weggehen und meine Gewinnspanne sollte möglichst hoch sein. Ganz wichtig ist für mich, dass ich mit den Sachen wenig Arbeit habe. Ich kann es mir nicht leisten, eine Aushilfe einzustellen, die immer wieder die Regale voll räumt.«

Kundengespräch

Außendienstmitarbeiter: »Das würde ich für Sie machen, Herr Johansson. Unser neues Lifestyle-Magazin ist auf dem Markt wie eine Bombe eingeschlagen. Auch in Ihrer Region gehen die Ausgaben reißend weg. Ich werde Ihnen die Magazine einsortieren. Wenn die neue Nummer kommt, nehme ich selbstverständlich die alten Exemplare zur Gutschrift mit, und ich liefere Ihnen auch noch einen Sonderständer für die Zeitschriften, dann brauchen Sie nicht extra Platz freizuräumen.«

Tankstellenpächter: »Ich habe schon so viele Zeitschriften. Da brauche ich nicht noch eine weitere.«

Außendienstmitarbeiter: »Na ja, Herr Johansson. Sind Sie denn zufrieden mit dem Gewinn aus dem Zeitschriftenverkauf?«

Tankstellenpächter: »Nein, es könnte mehr sein.«

Außendienstmitarbeiter: »Dann lassen Sie uns doch mehr daraus machen. Ich selbst finde es auch bedauerlich, wenn Zeitschriften im Regal liegen. Das nützt niemandem etwas. Unser neues Magazin richtet sich an alle Lesergruppen. Jung, schön und schlank will doch jeder sein. Wenn die Leute nach der Arbeit zum Tanken kommen, nehmen sie fast automatisch unser Magazin mit, um zu Hause auf der Couch vom perfekten Körper zu träumen. Diese Strategie ist auch schon bei der Muscheltankstelle um die Ecke aufgegangen. Ich würde Sie gerne mit ins Boot holen.«

Tankstellenpächter: »Meine Frau liest ja auch dauernd solche Sachen. Vielleicht sollte ich es ja probieren. Was passiert denn mit den Exemplaren, die vom vielen Durchblättern unverkäuflich werden? Ich kann nicht auch noch darauf achten, dass die Leute nicht hier in den Zeitschriften lesen.«

Außendienstmitarbeiter: »Die nehme ich zurück, zusammen mit den unverkauften Exemplaren. Die einzige Arbeit, die Sie mit unseren Zeitschriften haben werden, ist, das Geld aus der Kasse zu nehmen. Das Einsortieren der Zeitungen nehmen Ihnen komplett unsere Kommissionierer ab, und für Ihre Frau wird auch ein Gratis-Exemplar übrig sein. Fangen wir nächste Woche mit 50 Lifestyle-Magazinen im Aufsteller an?«

Tankstellenpächter: »Wie viel Prozent vom Verkaufspreis sind für mich?«

Außendienstmitarbeiter: »Wie viel hätten Sie denn gerne?«

Tankstellenpächter: »100 Prozent.«

Außendienstmitarbeiter: »Sehr gut, Herr Johansson, aber damit ruinieren Sie uns. Ich biete Ihnen 30 Prozent, ab 50 verkauften Exemplaren bekommen Sie dann 40 Prozent.«

Tankstellenpächter: »Bei den anderen Verlagen bekomme ich gleich 40 Prozent.«

Außendienstmitarbeiter: »Nicht bei allen. Die anderen bleiben im Regal liegen und bringen Ihnen null Prozent ein. Einigen wir uns doch auf 35 Prozent.«

Tankstellenpächter: »Okay. Wo soll ich unterschreiben?«

Außendienstmitarbeiter: »Hier ist das Bestellformular. Nächste Woche geht es los. Bis dann, Herr Johansson.«

Tankstellenpächter: »Tschüß, Herr Preusser.«

Wenn bei Kundengesprächen nicht das Verkaufen, sondern die Reaktion auf verärgerte Kunden im Mittelpunkt steht, sind Ihre Fähigkeiten im Umgang mit belastenden Situationen gefragt (Stresstest). Als Besonderheit für diese Form der Kundengespräche gilt, dass Sie die aufgeregten und verärgerten Kunden, nachdem sie ihre Wut herausgelassen haben, wieder ins Gespräch zurückbringen müssen.

Nutzen Sie die »Ja-aber-Technik«

Damit Sie in dieser Situation Ihre Gesprächspartner nicht noch mehr anstacheln, sollten Sie Ihnen nicht direkt widersprechen. Greifen Sie zur »Ja-aber-Technik«. Das heißt: Zeigen Sie ein gewisses Maß an Reue und machen Sie deutlich, dass Sie die Probleme des Kunden verstehen. Bringen Sie ihn dann aber unbedingt dazu, eigene Vorschläge zu machen. Denn wenn Ihr Kunde sich erst einmal in der Defensive verschanzt hat, wird er sich darauf beschränken, Ihre Argumente in der Luft zu zerreißen. Sorgen Sie dafür, dass das Gespräch wieder in konstruktive Bahnen gelenkt wird. Lassen Sie sich nicht von persönlichen Angriffen provozieren, lenken Sie das Gespräch immer wieder zurück auf die Sachebene. Unser Beispiel zeigt Ihnen, wie Sie einen persönlichen Angriff in den Griff bekommen könnten.

Der verärgerte Kunde

Beispiel

Kunde: »Zweimal ist ein zugesagter Liefertermin nicht eingehalten worden. Ich habe die Nase voll von Ihrer Firma. Beschäftigen Sie da nur Idioten?«

Servicemitarbeiter: »Das ist unverzeihlich. Als bei uns die Produktion stillstand, weil einer unserer Zulieferer im Verzug war, habe ich gleich versucht, für Sie noch Lagerbestände loszueisen. Doch wir hatten nichts mehr im Lager. Daher sind Sie leider mit dieser unbefriedigenden Situation konfrontiert worden. Wie können wir den Lieferverzug wieder gutmachen?«

Kunde: »Ich will meinen Schaden ersetzt bekommen!«

Servicemitarbeiter: »Wir möchten Ihnen einen Ausgleich für die entstandenen Probleme anbieten. Bei der nächsten Lieferung übernehmen wir komplett die Transportkosten.«

Kundengespräch

Kunde: »Wenn wir weiter zusammenarbeiten wollen, ist das ja auch das Mindeste. Nach wie vor habe ich allerdings keine Lust, mir noch mal Schwierigkeiten durch eine ausbleibende Lieferung einzuhandeln.«

Servicemitarbeiter: »In unserer langjährigen Geschäftsbeziehung haben wir immer die Preissenkungen an Sie weitergegeben, die wir durch Rationalisierung und günstigeren Einkauf erzielen konnten. Dies werden wir auch weiterhin tun. Die zuverlässige Belieferung wird in Zukunft funktionieren.«

Kunde: »Na gut, aber das ist Ihre letzte Chance.«

Servicemitarbeiter: »Diese Chance werden wir nutzen. Es bleibt dann bei den vereinbarten Liefermengen. Die Nachlieferung steht schon auf Ihrem Hof. Die nächste Lieferung erfolgt transportkostenfrei im üblichen Turnus.«

Machen Sie einem unzufriedenen Kunden Zugeständnisse

Bei Beschwerden gilt genauso wie bei Verkaufsgesprächen, dass Sie die Beobachter durch Ausdauer beim Argumentieren beeindrucken. Gehen Sie auf den verärgerten Kunden ein, aber lassen Sie sich nicht die Initiative im Gespräch nehmen. Überlegen Sie sich bereits in der Vorbereitungsphase, welche Zugeständnisse Sie dem Kunden machen können, um ihn nicht zu verlieren. Fangen Sie nicht an, Produkte zu verschenken oder Produktionsumstellungen in Aussicht zu stellen. Bedenken Sie, dass Sie nur im Rahmen Ihrer Position Angebote machen können. Spielen Sie beispielsweise einen Außendienstmitarbeiter, dürfen Sie keine Zugeständnisse machen, die den üblichen Handlungsspielraum eines Außendienstmitarbeiters überschreiten. Beenden Sie auch das Reklamationsgespräch innerhalb der vorgegebenen Zeit mit einem konkreten Ergebnis.

Übungen zur Vorbereitung

Spielen Sie unsere Übungs-Kundengespräche mit einem Freund oder Bekannten durch. Sammeln Sie in der Vorbereitungszeit Argumente und mögliche Zugeständnisse an den Kunden. Beachten Sie im Gespräch unsere Hinweise zur Gesprächsführung. Bringen Sie den Kunden zum Reden, aber behalten Sie die Initiative im Gespräch. Arbeiten Sie ein konkretes Ergebnis heraus.

Kundengespräche

Denken Sie an Ihre Kinder

Sie sind Außendienstmitarbeiter einer großen Versicherung und haben einen Beratungstermin mit einem Kunden. Der

Kunde hat drei Kinder im Alter zwischen zwei und acht Jahren. Da die gesetzliche Krankenkasse nach der Gesundheitsreform keinerlei Zuzahlungen bei Zahnersatz leistet, möchten Sie den Kunden dazu bewegen, für alle drei Kinder eine Zusatzversicherung abzuschließen. Der Preis beträgt pro Kind und Monat 14 Mark/7 Euro. Sie haben für Ihre Vorbereitung fünf und für Ihr Gespräch zehn Minuten Zeit.

Der Messestand

Übung 2

Als Vertriebsmitarbeiter der Messegesellschaft C-Bütt sollen Sie den Geschäftsführer eines Softwareunternehmens mit zwölf Mitarbeitern davon überzeugen, auf der Messe einen Standplatz zu mieten. Die Standmiete beträgt 10 000 Mark/5 000 Euro. Sie haben für Ihr Gespräch sieben Minuten Zeit. Die Vorbereitungszeit beträgt drei Minuten.

Zeitarbeit

Übung 3

Sie sind Geschäftsstellenleiter einer Zeitarbeitsvermittlung. Ein Kunde hat sich über die von Ihnen entsandten Zeitarbeitskräfte beschwert und angedroht, den Geschäftskontakt zu Ihrer Firma abzubrechen. Bringen Sie ihn davon ab. Für Ihr Gespräch haben Sie zehn Minuten Zeit. Es wird Ihnen keine Vorbereitungszeit eingeräumt.

Werbung im Internet

Übung 4

Sie haben zusammen mit drei Freunden ein Start-up-Unternehmen gegründet und eine neue Suchmaschine für das Internet programmiert. Überzeugen Sie den Vorstand eines Finanzdienstleisters davon, auf Ihrer Startseite ein Werbebanner zu schalten. Der Vorstand hat zwölf Minuten Zeit für Sie. Ihre Vorbereitungszeit beträgt fünf Minuten.

Körpersprache im Rollenspiel

In Rollenspielen beeinflusst Ihre Körpersprache ganz entscheidend die Gesprächsatmosphäre. Mit der falschen Körpersprache bauen Sie Konfrontationen auf und erzeugen eine negative Spannung, die ein konstruktives Gespräch verhindert.

Nonverbale Kommunikation verläuft parallel zur verbalen

Im Gespräch zwischen zwei Menschen verläuft die nonverbale Kommunikation parallel zur verbalen. Ihre Körpersprache vermittelt Ihrem Gesprächspartner, ob er sich entspannt auf Ihre Argumente einlassen kann oder ob er auf Gegenangriff schalten sollte. Die Beobachter wiederum schließen aus Ihrer Körpersprache, wie belastbar Sie sind. Ihre Körpersprache verrät Sie. Man kann erkennen, ob Sie unsicher sind, zur Aggression neigen oder mit der Situation zurechtkommen.

Unsichere Kandidaten, die bei Mitarbeiter- oder Kundengesprächen im Stuhl versinken, den Blick auf den Boden richten und mit leiser Stimme ihre Argumente vortragen, signalisieren den Beobachtern, dass sie sich nicht wohl fühlen und in belastenden Gesprächssituationen nur eingeschränkt leistungsfähig sind.

Weichen Sie dem Blick Ihres Gesprächspartners nicht aus. Bleiben Sie im Mitarbeitergespräch Chef im Ring. Im Kundengespräch ist der Blickkontakt wichtig, um einen persönlichen Draht herzustellen. Fehlender Blickkontakt vermittelt Ängstlichkeit, und Sie handeln sich Minuspunkte ein. Denn die Beobachter werden Sie als wenig belastbar einschätzen, und Ihr Gegenüber wird bei fehlendem Augenkontakt Oberhand im Gespräch gewinnen. Nehmen Sie deshalb im Rollenspiel immer wieder Blickkontakt zu Ihrem Gesprächspartner auf.

Halten Sie den Blickkontakt

Angriffslustige Kandidaten bauen im Rollenspiel dagegen körpersprachlich negative Spannungen auf, die zu Blockaden und Verweigerungshaltungen ihres Gesprächspartners führen. Angespanntes Sitzen auf der Stuhlkante, ein schräg nach vorne gerichteter Oberkörper und zu Fäusten geballte Hände signalisieren Kampfbereitschaft. Die Bereitschaft Ihres Gegenübers, sich mit Ihren Argumenten auseinander zu setzen, wird auf diese Weise eingeschränkt. Spreizen männliche Kandidaten im Gespräch mit weiblichen Gesprächspartnern die Schenkel so weit auseinander, dass es als aufdringlich empfunden wird, ist die Beziehungsebene endgültig zerstört. Nicht nur im, sondern auch nach dem Rollenspiel.

Wählen Sie eine geeignete Sitzposition

Wählen Sie im Rollenspiel eine Sitzposition, die Ihnen eine gute Ausgangsbasis für eine geeignete Körpersprache bietet. Setzen Sie sich leicht vom Gesprächstisch zurück. Stellen Sie beide Beine rechtwinklig und leicht geöffnet auf den Boden. Die voneinander gelösten Hände liegen locker auf den Oberschenkeln auf. Trainieren Sie, diese Grundhaltung immer wieder einzunehmen. Sie signalisieren damit Ihrem Gegenüber und den Beobachtern, dass Sie konzentriert bei der Sache sind, aber weder sich noch Ihren Gesprächspartner unter Druck setzen.

Im Mitarbeitergespräch ist von Anfang an klar, dass es um eine Konfrontation geht. Dies sollten Sie auch körpersprachlich deutlich machen: Lassen Sie den Mitarbeiter Ihnen gegenüber am Tisch Platz nehmen. Im Kundengespräch dagegen sollten Sie sich so hinsetzen, dass Konfrontationen von vornherein vermieden werden. Nehmen Sie nach Möglichkeit eine Position über Eck ein.

Wenn Sie Gesprächsimpulse setzen, sollten Sie diese durch kleine Handbewegungen unterstreichen. Durch geeignete Gesten können Sie sich auch körpersprachlich immer wieder ins Gespräch zurückbringen und die Gesprächsführung übernehmen. Dies wäre beispielsweise der Fall, wenn Ihr Gesprächspartner Ihnen ständig ins Wort fällt. Nutzen Sie dazu Unterbrechungsgesten. Die abblockend hochgehobene Hand, die Sie mit den Worten begleiten: »Augenblick, Sie haben gleich Gelegenheit zu reden. Lassen Sie mich zuerst meine Ausführungen beenden!« ist geeignet, um Unterbrechungen der eigenen Ausführungen zurückzuweisen oder den Redefluss Ihres Gesprächspartners zu stoppen. Nutzen Sie solche Gesten, um die Gesprächsführung zu behalten oder zurückzuerlangen. Verwenden Sie diese Unterbrechungsgesten jedoch sparsam und räumen Sie Ihrem Gesprächspartner genügend Zeit zur eigenen Meinungsäußerung ein.

Nutzen Sie Unterbrechungsgesten

Wenn die Situation Entspannung verlangt, beispielsweise beim Besänftigen eines Kunden, können Sie ebenfalls gezielt Ihre Körpersprache einsetzen. Leichtes Zurücksetzen vom Tisch schafft angenehme Distanz.

Achten Sie auch immer darauf, dass Sie Ihre Hände frei halten. Denn bei Anspannung und Nervosität machen sich Ihre Hände selbstständig. Das Herumspielen mit Stiften, das Durchkneten von Zetteln und das nervöse Drehen an Finger- oder Ohrringen verrät den Beobachtern nur Ihre Nervosität.

Auf einen Blick

Im Blick

Rollenspiele

- Rollenspiele werden entweder als Mitarbeitergespräch oder als Kundengespräch ausgestaltet. Rechnen Sie in beiden Gesprächssituationen mit starkem Widerstand.
- Im Mitarbeitergespräch nehmen Sie die Rolle des Vorgesetzten ein. Der Mitarbeiter wird üblicherweise vom Moderator gespielt.

- Im Kundengespräch spielen Sie einen Firmenvertreter, der einen Kunden überzeugen muss. Auch der Kunde wird zumeist vom Moderator gespielt.
- Behalten Sie die Zeitvorgabe im Blick. Notieren Sie am Anfang des Gespräches den genauen Zeitpunkt des Gesprächsendes.
- Im Mitarbeitergespräch dürfen Sie weder in einen autoritär-abwertenden Führungsstil noch in einen therapeutischen »Verstehen-heißt-verzeihen-Stil« verfallen.
- Nutzen Sie unser Schema, um Mitarbeitergespräche in den Griff zu bekommen:
  1. Kurze Begrüßung und Hinweis darauf, dass es im Gespräch um ein Verhalten des Mitarbeiters geht.
  2. Schilderung des beobachteten Verhaltens. Noch keine Bewertung durch den Vorgesetzten!
  3. Stellungnahme des Mitarbeiters.
  4. Eigene Stellungnahme. Mit Bewertung!
  5. Dem Mitarbeiter Folgen aufzeigen, die aus seinem Verhalten für die Abteilung und das Unternehmen entstehen.
  6. Das Gespräch aktiv beenden: überprüfbares Ergebnis vereinbaren.
- Im Kundengespräch überzeugen Sie, wenn Sie:
  - Ihre (Fach-)Sprache auf die berufliche Position des Kunden ausrichten,
  - ihn zum Reden über seine Vorstellungen bringen,
  - Punkt für Punkt herausarbeiten, warum Ihr Produkt/Ihre Dienstleistung seinen Wünschen entspricht und
  - das Gespräch aktiv beenden (Verkaufsabschluss oder neuer Termin).
- Machen Sie keine Angebote oder Zugeständnisse, die den Unternehmensinteressen schaden. Überschreiten Sie nicht den üblichen Handlungsspielraum der Ihnen vorgegebenen Position. Überlegen Sie sich schon in der Vorbereitung, welche Zugeständnisse Sie dem Kunden machen können, um ihn nicht zu verlieren.

- Reklamationsgespräche sind vorrangig ein Stresstest. Gehen Sie nicht auf Angriffe ein. Bleiben Sie bei der konstruktiven Gesprächsführung. Bringen Sie den Kunden dazu, eigene Vorschläge zu machen. Damit vermeiden Sie, dass er sich auf das Abblocken Ihrer Argumente beschränkt.
- Im Rollenspiel kann Körpersprache sowohl Konfrontation und negative Spannung aufbauen wie auch eine entspannte Atmosphäre und Konsens deutlich machen.
- Weichen Sie dem Blick Ihres Gesprächspartners nicht aus. Vermitteln Sie Souveränität, und suchen Sie den Blickkontakt mit Ihrem Gesprächspartner.
- Im Mitarbeitergespräch geht es um Konfrontation, deshalb sollten Sie sich gegenüber sitzen. Im Kundengespräch sollten Sie nach Möglichkeit eine Sitzposition über Eck herbeiführen.
- Abwehr- und Unsicherheitsgesten lassen auf mangelnde Stressresistenz schließen.

10

Vorträge

Hochschulabsolventen hinterlassen im Vortrag gelegentlich den Eindruck, dass sie sich noch im Hochschulseminar befinden. Damit Ihre Themenpräsentation gelingt, machen wir Sie mit den Anforderungen an einen souveränen Redeauftritt vertraut. Setzen Sie sich mit einem inhaltlich stimmigen und kompetent präsentierten Vortrag in Szene. Wir erläutern Ihnen, was Sie dabei beachten müssen.

Im Mittelpunkt: Ihre Wirkung auf andere

Die Weitergabe von Informationen hat im beruflichen Alltag einen hohen Stellenwert. Insbesondere in flachen Hierarchien müssen eigene Ideen begründet und überzeugend präsentiert werden. Die Überzeugungsarbeit, die Sie später regelmäßig im Beruf leisten müssen, wird von Ihnen auch im Assessment-Center erwartet. Können Sie komplexe Themen anschaulich vermitteln? Wie verhalten Sie sich, wenn Sie als Einzelner vor die Gruppe treten? Können Sie Informationen auf den Punkt bringen?

Die Aufbereitung von Ideen und Informationen

Die Übung Vortrag gehört zum Standardrepertoire in Assessment-Centern. Gerade diese Übung lässt sich im Vorfeld besonders gut vorbereiten. Für die Beobachter ist vor allem Ihr Verhalten in dieser Übung wichtig. Ihre Stressresistenz lässt sich anhand Ihres Auftrittes gut beobachten. Insgesamt ist die Körpersprache im Vortrag sehr aussagekräftig. Im Mittelpunkt der Beobachtung steht Ihre Wirkung auf andere. Mit einem unsouveränen Vortrag verspielen Sie die Chance, sich als Persönlichkeit zu profilieren. Ein gut strukturierter und überzeugend dargebotener Auftritt bringt dagegen wichtige Punkte für Ihr Abschneiden im Assessment-Center.

Wesentliche Argumente und Informationen zur Entscheidungsfindung

Für Hochschulabsolventen besteht die Schwierigkeit im Vortrag zumeist darin, ihren Vortragsstil an Erfordernisse der Berufswelt anzupassen. Viel zu oft halten Hochschulabsolventen im Assessment-Center einen Seminarvortrag. Selbstverständlich ist es wichtig, ein Thema inhaltlich umfassend zu würdigen. Die knappe Zeitvorgabe lässt wissenschaftliche Erörterungen jedoch nicht zu. Gefragt ist ein Vortragsstil, der kurz und knapp wesentliche Argumentationslinien nachzeichnet und so viel Informationen vermittelt, dass Entscheidungsprozesse vorangebracht werden können.

Strukturieren Sie das Thema, sichten Sie Argumente und trennen Sie Wesentliches von Unwesentlichem. Wenn bei einem Thema widersprüchliche Meinungen zu berücksichtigen sind, sollten Sie die entsprechenden Pro- und Contra-Argumente nachvollziehbar darstellen. Wir werden Sie im Folgenden mit Vortragstechniken vertraut machen, mit denen Sie im Vortrag überzeugen.

Beratung

Aus unserer Beratungspraxis

Herr Professor gibt sich die Ehre

In einem Assessment-Center bestätigte ein Kandidat eindrucksvoll die These, dass die Vorstellungen von guten Vorträgen zwischen Hochschule und Berufswelt stark differieren. Schon während der Vorbereitungszeit war uns aufgefallen, dass der Teilnehmer zahlreiche Folien eng mit Fakten, Daten und Formeln beschrieben hatte. Nun waren wir gespannt auf seinen Auftritt.

Gemessenen Schrittes betrat der Kandidat die Bühne und verbrachte erst einmal einige Zeit damit, seinen Stapel mitgebrachter Unterlagen zu sortieren. Dann trat er hinter den Overheadprojektor, umklammerte ihn links und rechts mit seinen Händen, räusperte sich mehrmals und blinzelte – nachdem er seine Brille zurechtgeschoben hatte – mit zusammengekniffenen Augen in das Publikum.

Inzwischen war im Publikum Unruhe entstanden, da die Zuhörer immer noch auf das erste Wort warteten. Der Vortragende begann seine Präsentation mit den Worten: »Unser Thema ist heute die zielgruppenspezifische Ausrichtung von Marketingmaßnahmen, ich werde besonders auf die von mir sehr geschätzten Ausführungen des Herrn Prof. Dr. Dr. Schmidt eingehen.«

Was dann folgte, erinnerte stark an die Mathematikstunden in der Schule: Diverse Formeln, Berechnungen und Definitionen erschienen an der Wand. Allerdings war die Schrift so klein, dass man die Informationen kaum visuell nachvollziehen konnte. Trotzdem jagte eine Folie die nächste. Begleitet wurde das Ganze von einem Schwall aus Fremdwörtern und Fachbegriffen, die leider schwer verständlich waren, da der Vortragende stets zur Projektionsfläche an der Wand sprach.

Nach einiger Zeit regte sich deutliche Heiterkeit unter den Zuhörern. Immerhin veranlasste dies den Vortragenden, sich einmal zum Publikum umzudrehen – um es tadelnd zu mustern.

Der Vortrag musste schließlich von den Beobachtern unterbrochen werden, die Zeitvorgabe wurde nicht eingehalten. Der Kandidat zeigte sich jedoch renitent, reagierte empört auf die Aufforderung, den Vortrag zu unterbrechen, und versuchte, seine Ausführungen fortzusetzen. Bei der zweiten Ermahnung reagierte der Vortragende beleidigt, stoppte mitten im Satz, schnappte seine Unterlagen und setzte sich mit verschränkten Armen schmollend wieder auf seinen Platz.

Fazit: Das Assessment-Center ist ein Auswahlverfahren, das die Schwerpunkte auf die soziale und methodische Kompetenz der Bewerber legt. Auch in der Übung Vortrag kommt es deshalb darauf an, die für das Publikum wesentlichen Informationen herauszufiltern und so aufzubereiten, dass ein Interesse geweckt wird, sich weiter mit dem Thema zu beschäftigen. Wer den Eindruck erweckt, auch im späteren Berufsalltag an Kollegen und Mitarbeitern vorbeizureden, empfiehlt sich nicht für die Berufspraxis.

Im Vortrag präsentieren Sie auch sich selbst

Bei einem Vortrag präsentieren Sie nicht nur das Thema, sondern immer auch sich selbst. Als Person wirken Sie auf Ihr Publikum auch durch Ihre Körpersprache. Halten Sie Blickkontakt zu Ihrem Publikum, oder verstecken Sie sich bei der Präsentation hinter dem Overheadprojektor? Gehen Sie flexibel auf Reaktionen Ihrer Zuhörer wie Lachen oder Raunen ein, oder ziehen Sie einen vorbereiteten Text ohne Abweichungen stur durch? Abgesehen von den inhaltlichen Aspekten eines Vortrages werden Sie von uns auch erfahren, welche körpersprachlichen Fehler zum Punktabzug beim Vortrag führen und wie Sie es besser machen können.

Vortragsthemen

Es gibt natürlich vielfältige Vortragsthemen in Assessement-Centern. Ähnlich wie bei Themen für Gruppendiskussionen lassen sich jedoch auch hier alle zu bestimmten Themenblöcken zusammenfassen, die mit großer Wahrscheinlichkeit verwendet werden. Themenblöcke bei Vorträgen sind:

- zukünftige Entwicklungen,
- berufliche Qualifikationen und
- politische Themen.

Bei der ersten Gruppe werden Themenstellungen eingesetzt, bei denen Ihr Blick in die Zukunft gefragt ist. Damit möchte man feststellen, ob Sie aktuelle Entwicklungen in Ihrem zukünftigen Arbeitsfeld verfolgen und Trends erkennen können.

Ihr Blick in die Zukunft

Zukünftige Entwicklungen

Beispiel

- *Vortragsthema:* »Wie sieht die Zukunft der Energiemärkte aus?«
- *Vortragsthema:* »Welche Folgen wird der Konzentrationsprozess im Einzelhandel haben?«
- *Vortragsthema:* »Wird das Internet Zeitungen und Zeitschriften ersetzen?«

Ein weiterer Themenblock beinhaltet Vortragsthemen zur beruflichen Qualifikation. Mit diesen Vortragsthemen überprüfen die Unternehmen auch Ihre Fähigkeit zur Selbstreflexion. Man möchte erfahren, ob sich die Ansprüche des Unternehmens an zukünftige Mitarbeiter mit Ihren Vorstellungen decken.

Beispiel

Berufliche Qualifikation

- *Vortragsthema:* »Mit welchen Maßnahmen lässt sich die Mitarbeitermotivation erhöhen?«
- *Vortragsthema:* »Was zeichnet einen Vertriebsmitarbeiter (Unternehmensberater, Projektingenieur, Marketingexperten, IT-Berater) aus?«
- *Vortragsthema:* »Über welche Eigenschaften muss eine Führungskraft verfügen?«

Vorsicht bei politischen Themen

Vorsicht bei politischen Themenstellungen: Es geht im Assessment-Center nicht um Ihre persönliche Meinung, sondern darum, dass Sie ein Thema analysieren und darstellen können. Gehen Sie deshalb diplomatisch vor, und lassen Sie bei der Aufbereitung politischer Themen nicht Ihren Emotionen freien Lauf. Hüten Sie sich auch davor, mit Ihrer persönlichen Meinung missionieren zu wollen. Das Assessment-Center ist insgesamt schon eine Stresssituation: Emotional aufgeladene Themen sollten Sie deshalb möglichst sachlich bearbeiten, um die Stimmung nicht unnötig anzuheizen.

Nehmen Sie am besten eine vermittelnde Position zwischen den Extremmeinungen ein und stellen Sie Pro- und Contra-Argumente heraus. Lassen Sie das Ergebnis offen. Schließen Sie damit, dass eine Auflösung der unterschiedlichen Sichtweisen nicht möglich ist. Sie punkten, wenn Sie auch bei politischen Themen auf die betriebswirtschaftliche Relevanz einer möglichen Entscheidung hinweisen. Beim Thema »Verbot des Individualverkehrs in den Innenstädten« könnten Sie beispielsweise auf mögliche Beeinträchtigungen des Einzelhandels hinweisen.

Politische Themen

- *Vortragsthema:* »Wie sinnvoll ist der autofreie/fernsehfreie Sonntag?«
- *Vortragsthema:* »Müssen die Innenstädte für den Individualverkehr geschlossen werden?«

- *Vortragsthema:* »Sind höhere Krankenversicherungsbeiträge für Raucher gerechtfertigt?«
- *Vortragsthema:* »Ist eine Frauenförderung durch Quotenregelungen am besten zu erreichen?«
- *Vortragsthema:* »Sollte die allgemeine Wehrpflicht abgeschafft werden?«
- *Vortragsthema:* »Sind Sie für ein generelles Rauchverbot am Arbeitsplatz?«

Vortragstypen

Generell werden im Assessement-Center zwei unterschiedliche Vortragstypen eingesetzt. Es kann Sie eine Themenpräsentation erwarten, aber auch ein Stressvortrag.

Themenpräsentation

Im Normalfall werden Sie der Themenpräsentation begegnen. Sie bekommen eine Vorbereitungszeit und ein Thema genannt, welches Sie in einer vorgegebenen Zeit erörtern sollen.

Aufgabenstellung zur Themenpräsentation

»Bitte halten Sie uns einen Vortrag zum Thema ›Über welche Fähigkeiten muss eine erfolgreiche Führungskraft verfügen‹. Sie haben eine Vorbereitungszeit von 15 Minuten. Für Ihren anschließenden Vortrag haben Sie 20 Minuten Zeit.«

Gelegentlich schließt sich an Ihren Vortrag noch eine kurze Diskussion an, für die Sie dann ebenfalls eine Zeitvorgabe genannt bekommen. Um Ihre kommunikativen Fähigkeiten auf

Beobachter stellen Fragen nach dem Vortrag

die Probe zu stellen, konfrontieren die Beobachter Sie dann in der Diskussion mit gegensätzlichen Meinungen und vermeintlichen Widersprüchen in Ihren Argumenten. Üblicherweise stellen die Beobachter die Fragen zu Ihrem Vortrag. Die anderen Teilnehmer haben normalerweise kein Fragerecht, um zu verhindern, dass sie den Vortragenden aus Konkurrenzgründen in die Enge treiben. Bei der Themenpräsentation achten die Beobachter darauf,

- wie Sie strukturieren und gliedern,
- wie flüssig Sie formulieren,
- wie überzeugend Ihre Argumente sind,
- wie Sie Kernaussagen und Handlungsaufforderungen herausarbeiten,
- wie Sie konkrete Beispiele einsetzen, um abstrakte Inhalte verständlich zu machen,
- wie Sie Medien zur Visualisierung einsetzen,
- wie souverän Sie sich auf dem Vortragspodium verhalten,
- was Ihre Körpersprache mitteilt,
- wie Sie die Zeitvorgabe einhalten und
- wie Sie auf Verständnisfragen und Sachfragen der Zuhörer reagieren.

Stressvortrag

Achtung: Der Ton wird schärfer

Wenn Sie für Ihren Vortrag nur eine sehr kurze Vorbereitungszeit eingeräumt bekommen, beispielsweise drei Minuten, und für Ihre Ausführungen nur fünf Minuten erhalten, so ist dies ein so genannter Stressvortrag. In der sich eventuell anschließenden Diskussion gehen die Fragesteller Sie auch sehr viel härter an. So werden Sie beispielsweise persönlichen Angriffen ausgesetzt, oder mehrere Beobachter drängen Sie in scharfem Ton, eine Vielzahl von Fragen gleichzeitig zu beantworten.

Stressvorträge setzen Unternehmen ein, um Ihre emotionale Stabilität zu testen. Nach dem Motto »Erst in der Krise zeigt sich das wahre Ich« setzen Sie die Beobachter unter Druck, um damit im Schnellverfahren die Grenzen Ihrer Belastbarkeit auszuloten. Beim Stressvortrag werden Ihre Vortrags- und Redekünste zwar ebenfalls registriert, im Mittelpunkt des Interesses stehen jedoch andere Beobachtungsdimensionen. Bei Stressvorträgen wollen die Beobachter zusätzlich sehen,

Stressvorträge messen die emotionale Stabilität

- wie gut Sie Aufgabenstellungen unter starkem Druck bewältigen,
- ob und wie Sie wichtige Informationen bei minimalen Zeitvorgaben verdichten können,
- wie Sie auf persönliche Angriffe reagieren,
- wie schnell Sie Ihre Ruhe im Umgang mit schwierigen Zuhörern verlieren und
- ob Sie ein kritisches Publikum (wieder) in den Griff bekommen.

Ob Themenpräsentation oder Stressvortrag, für beide Vortragstypen gilt: Mit der richtigen Vorbereitung bewältigen Sie die Übungen.

Vorbereitung von Vorträgen

Sie bewältigen die Übung Vortrag, wenn Sie in der Vorbereitungsphase Argumente sammeln, die Argumente sichten und auswählen, die Argumente in ein Vortragsschema einordnen und Ihren Medieneinsatz planen.

Struktur zahlt sich aus

Argumente sammeln

Beginnen Sie Ihre Themenaufbereitung mit einem Brainstorming. Notieren Sie auf einem Zettel alles, was Ihnen zum vorgegebenen Thema einfällt. Nehmen Sie an dieser Stelle noch keine Auswahl oder Rangordnung vor. Schreiben Sie erst einmal alles nieder.

Informieren Sie sich vorab über Aktuelles

Beziehen Sie auch aktuelle Meinungen und Fakten in Ihren Vortrag ein. Lesen Sie in der Zeit vor dem Assessment-Center jeden Tag den Wirtschaftsteil einer Zeitung, beispielsweise *Frankfurter Allgemeine Zeitung*, *Süddeutsche Zeitung*, *Handelsblatt* oder *Financial Times Deutschland*. Dann fällt es Ihnen leichter, Argumente in Ihrer Vortragsvorbereitung zu finden. Unser Beispiel zeigt Ihnen ein mögliches Ergebnis eines Brainstorming zum Vortragsthema »Welche Unterstützung braucht der Vertrieb, um erfolgreich arbeiten zu können?«

Beispiel

Brainstorming »Unterstützung des Vertriebs«

- austauschbare Produkte
- Kundenbindung
- Premiumprodukte
- Weiterbildung
- Neukundenansprache
- Direktmarketing
- Produktentwicklung
- Prämien
- Personalfluktuation
- Arbeitsorganisation
- Marktentwicklung
- spezielle Vertriebsmaßnahmen
- Point-of-Sale-Aktivitäten
- Vergütungssyteme
- Leistungsorientierung
- Produkteigenschaften
- Zusatznutzen
- Anbietermarkt
- Käufermarkt

Argumente sichten und auswählen

Wenn Sie die Stichworte und Argumente aus Ihrem Brainstorming auswählen, werden Sie sich beschränken müssen. Wählen Sie aus den gefundenen Begriffen diejenigen aus, die für das vorgegebene Thema wichtig sind und die eine möglichst hohe

Signalwirkung auf die Zuhörer haben. Nutzen Sie für Ihre Themenpräsentation Schlagworte und Schlüsselbegriffe, die auch in aktuellen Diskussion und Berichten in den Medien benutzt werden. Mit dem Einsatz von Schlagworten und Schlüsselbegriffen im Vortrag erzielen Sie eine hohe Aufmerksamkeit der Beobachter und können sich Sympathie-Effekte erarbeiten.

Nutzen Sie Schlüsselbegriffe aus Selbstdarstellungen des Unternehmens

Zur Vorbereitung sollten Sie auch die Geschäftsberichte und Broschüren des ausrichtenden Unternehmens durcharbeiten. Auf diese Weise können Sie herausfinden, auf welche Reizworte die Unternehmensvertreter anspringen werden. Machen Sie sich schon vor dem Assessment-Center mit dem Sprachgebrauch des Unternehmens vertraut, um im Vortrag signalisieren zu können, dass Sie dazugehören.

Eine gute Mischung von Argumenten aus aktuellen Berichten der Tagespresse und Schlagworten aus der Selbstdarstellung des Unternehmens macht Sie in der Übung Vortrag zum überzeugenden Kandidaten. Wie dies gelingen könnte, sehen Sie an unserem Beispiel.

Schlagworte und Schlüsselbegriffe im Vortrag

Beispiel

Für eine Position im Marketing lautet das Vortragsthema »Zukünftige Entwicklungen des Zigarettenmarktes«. Eine Kandidatin könnte sich mit diesen Schlagworten und Schlüsselbegriffen in Szene setzen:

- Werbeverbote
- Lifestyle-Orientierung
- Event-Marketing
- Zusatznutzen
- Markenfixierung
- Erlebnisdefizite aufgreifen
- Sponsoring
- Marktführerschaft

Entsprechende Formulierungen in dem Vortrag der Kandidatin könnten dann so lauten:

»Um die Marktposition unseres Unternehmens weiter auszubauen, müssen wir in einer Zeit zunehmender Einschränkungen der Werbemöglichkeiten alternative Marketinginstrumente entwickeln. Die Abhängigkeit der Verkaufszahlen von groß angelegten Werbekampagnen sollten wir reduzieren und Lifestyle-Konzepte in den Vordergrund stellen. Dazu gehört für mich beispielsweise das Sponsoring von zielgruppenspezifischen Events. Das Erlebnisdefizit in modernen Gesellschaften wird noch weiter zunehmen. Wir sollten unsere Marken mit einem möglichst großen Erlebniswert als Zusatznutzen anreichern.«

Bleiben Sie allgemein verständlich

Bei der Auswahl geeigneter Schlagworte und Schlüsselbegriffe sollten Sie darauf achten, dass Sie Begriffe aus der öffentlichen Diskussion benutzen, um Ihre Ausführungen allgemein verständlich zu halten. Selbstverständlich können Sie Ihre Fachkompetenz aufblitzen lassen. Verzichten Sie aber auf eine Aneinanderreihung unverständlicher Fachtermini. Falls Sie dennoch auf abstrakte Modelle und Theorien nicht verzichten wollen, sollten Sie diese so vereinfacht darstellen, dass sie auch für Laien verständlich werden.

Sie können schon zur Vorbereitung auf Assessment-Center mit unserer nachfolgenden Übung trainieren. Überfliegen Sie noch einmal unser Beispiel »Schlagworte und Schlüsselbegriffe im Vortrag«. Versuchen Sie nun selbst, Schlagworte und Schlüsselbegriffe zu finden, die für Ihr zukünftiges Berufsfeld von Bedeutung sind. Ziehen Sie dazu Zeitungen, Fachzeitschriften und Unternehmensbroschüren heran. Erarbeiten Sie sich damit einen Startvorteil für die Übung Vortrag.

Schlagworte und Schlüsselbegriffe aus Ihrem Berufsfeld

Übung

Bereiten Sie einen Vortrag zum Thema »Trends in meinem Berufsfeld« vor. Überlegen Sie, wodurch die zukünftige Entwicklung in Ihren Arbeitsfeldern gekennzeichnet sein wird. Sammeln Sie mindestens sieben Schlagworte und Schlüsselbegriffe zu diesem Thema.

Schlagwort 1: . . . .
Schlagwort 2: . . . .
Schlagwort 3: . . . .
Schlagwort 4: . . . .
Schlagwort 5: . . . .
Schlagwort 6: . . . .
Schlagwort 7: . . . .

Formulieren Sie nun aus den Schlagworten und Schlüsselbegriffen ein oder zwei Einleitungssätze für Ihren Vortrag.

Ihre Formulierungen:

Satz 1: . . . .
. . . .

Satz 2: . . . .
. . . .

Satz 3: . . . .
. . . .

Vortragsschema nutzen

Orientieren Sie sich an unserem Schema

Sie haben an diesem Punkt Ihrer Vorbereitung aus der Sammlung Ihrer Argumente aussagekräftige Schlagworte und Schlüsselbegriffe herauskristallisiert. Nun geht es darum, Ihre Argumente zu ordnen. Hierfür geben wir Ihnen ein Ablaufschema an die Hand, mit dessen Hilfe Sie im Assessment-Center Themen überzeugend präsentieren können.

Übersicht 5

1. Nennen Sie das Thema.
2. Machen Sie deutlich, warum das Thema für die Zuhörer wichtig ist.
3. Beschreiben Sie die derzeitige Situation.
4. Gehen Sie auf die Gründe dieser Situation ein.
5. Zeigen Sie auf, wie diese Situation zukünftig aussehen sollte.
6. Erörtern Sie Maßnahmen, um die neuen Zielsetzungen zu erreichen.
7. Geben Sie eine Schlusszusammenfassung mit konkreter Handlungsaufforderung.

Mit diesem Schema lässt sich jedes Thema in den Griff bekommen. Im Folgenden geben wir Ihnen ein Beispiel dafür, wie sich unser Schema bei Themenpräsentationen einsetzen lässt. Unser Beispiel baut auf dem exemplarischen Brainstorming auf, das wir Ihnen im Beispiel »Brainstorming ›Unterstützung des Vertriebs‹« vorgestellt haben.

Sieben Schritte zum Thema Vertriebsunterstützung

Beim Vortragsthema »Welche Unterstützung braucht der Vertrieb, um erfolgreich arbeiten zu können« könnten Sie mit unserem Schema folgendermaßen vorgehen:

1. »In den nächsten zehn Minuten wird das Thema ›Welche Unterstützung braucht der Vertrieb, um erfolgreich arbeiten zu können‹ im Mittelpunkt stehen.«

2. »Dieses Thema gewinnt ständig mehr an Bedeutung, weil Produkte immer austauschbarer werden und weil Beratung und Markterfolg

eng miteinander verzahnt sind. Gezielte Vertriebsmaßnahmen wirken der Austauschbarkeit von Produkten entgegen und helfen, sich gegen Mitbewerber durchzusetzen. Wir sollten durch gute Beratung beim Verkauf auf eine langfristige Kundenbindung hinarbeiten.«

3. »Die Situation sieht derzeit so aus, dass der Vertrieb immer noch nicht ausreichend in Entscheidungsprozesse im Unternehmen eingebunden ist. Immer noch wird der Vertrieb von einigen Unternehmen als reine Verkaufsabteilung gesehen. Dabei ergeben sich aus dem Vertrieb vielfältige Rückmeldungen, die zu einer Optimierung der Kundenorientierung genutzt werden können. Auch der Zugriff auf Informationen ist oft nur beschränkt möglich. Vertriebsmitarbeiter müssen oft in mehreren Schritten vorgehen. Zuerst nehmen sie die Wünsche des Kunden auf. Dann erstellen sie im Unternehmen ein Angebot. Sonderwünsche müssen mit der Produktion, der Entwicklung oder dem Service in langwieriger Kleinarbeit abgeklärt werden.«

4. »Die Gründe für die geschilderte derzeitige Situation des Vertriebes sehe ich in folgenden Ursachen: Die Arbeitsteilung zwischen den einzelnen Unternehmensbereichen ist traditionell gewachsen. Eine Eingliederung des Vertriebs in Projektstrukturen ist bisher nicht vorgesehen.«

5. »Der Vertrieb hat in seiner Bedeutung für den gesamten Unternehmenserfolg zugenommen. Neue Maßnahmen sollten dieser Bedeutung gerecht werden. Der Vertrieb sollte von Anfang an bei Entwicklung, Produktion und Marketing beteiligt werden.«

6. »Nach meiner Auffassung sollten für die Zukunft mehrere Maßnahmen ergriffen werden, damit der Vertrieb wirkungsvoller arbeiten kann. Der Vertrieb ist enger mit den anderen Abteilungen zu verzahnen, dies könnte in folgender Art geschehen ... «

7. »Meine Ausführungen zum Thema ›Welche Unterstützung braucht der Vertrieb, um erfolgreich arbeiten zu können?‹ haben gezeigt, dass in diesem Bereich noch viel Entwicklungspotenzial vorhanden ist. Da der Vertrieb die Vermittlungsfunktion der Produkteigenschaften und des Zusatznutzens nach außen hin übernimmt, sollte er besser in betriebliche Entscheidungsprozesse integriert werden. Noch einmal auf den Punkt gebracht halte ich folgende Maßnahmen für erfolgversprechend ...«

Zur Lebhaftigkeit Ihrer Rede tragen Sie bei, indem Sie Ihre Argumente anhand von Beispielen vorbringen. Ihre Zuhörer folgen Ihnen mit größerer Aufmerksamkeit, wenn Sie Beispiele aus der Praxis oder eigene Erfahrungen einfließen lassen. Verlieren Sie sich jedoch nicht im Geschichtenerzählen. Arbeiten Sie die sieben Schritte Ihrer Themenpräsentation ab. Stellen Sie die von Ihnen gefundenen Schlagworte und Schlüsselbegriffe heraus.

Bringen Sie Beispiele

Besondere Aufmerksamkeit müssen Sie auf Ihr Zeitmanagement richten. Riskieren Sie nicht, mitten in Ihren Ausführungen vom Moderator zum Abbruch gezwungen zu werden. Sie müssen die Vortragszeit einhalten, sonst kommen die Beobachter zu einer negativen Einschätzung Ihrer Arbeitsweise, nach dem Motto: »Wenn man diesem Kandidaten für eine Aufgabenstellung zehn Minuten einräumt, braucht er zwanzig, und wenn man ihm später im Berufsalltag einen Monat einräumt, braucht er zwei.« Sie dürfen die Vortragszeit deshalb nicht überziehen. Sie sollten aber auch darauf achten, die gesamte Vortragszeit zu nutzen. Wenn Sie am Ende Ihres Vortrages merken, dass Ihnen noch Zeit verbleibt, sollten Sie diese mit weiteren Beispielen und Erfahrungen aus Praktika füllen.

Gutes Zeitmanagement ist gefragt

Notieren Sie in den Unterlagen, die Sie zum Vortrag mit nach vorne nehmen, den Zeitpunkt, an dem Sie beginnen, und den, an dem Sie aufhören sollten. Sie können aber nicht dauernd auf die Uhr an Ihrem Handgelenk schauen, denn dies lenkt die Zuhörer von Ihrem Vortrag ab. Nehmen Sie deshalb Ihre Uhr ab und legen Sie sie neben Ihre Unterlagen. Dann können Sie sich jederzeit mit einem kurzen Seitenblick über die noch verbleibende Zeit informieren.

Möglicherweise werden Ihnen bereits während des Vortrags Fragen gestellt. Vom Aspekt des Zeitmanagements her muss es Ihr Interesse sein, den Vortrag in der vorgegebenen Zeit zu halten. Lassen Sie sich nicht durch Zwischenbemerkungen aus Ihrem Vortragskonzept bringen. Sie wirken bei Zwischenfragen

Ein souveräner Umgang mit Zwischenfragen beeindruckt immer

während Ihres Vortrages souverän, wenn Sie unterschiedlich auf Verständnisfragen und Diskussionsbeiträge reagieren.

Verständnisfragen, die Ihnen beispielsweise zu Fachausdrücken gestellt werden, sollten Sie sofort beantworten. Sie zeigen damit Ihr Einfühlungsvermögen für die Bedürfnisse Ihrer Zuhörer. Diskussionsbeiträge sollten Sie dagegen interessiert zur Kenntnis nehmen und auf die Möglichkeit zur Diskussion am Ende Ihrer Ausführungen verweisen.

Der Umgang mit Störversuchen

Bei Stressvorträgen müssen Sie damit rechnen, dass einer der Beobachter in Ihrem Vortrag den Dauerfrager spielt und damit versucht, Sie aus dem Konzept zu bringen. Machen Sie sich zum Anwalt der anderen Zuhörer und des Themas. Würgen Sie Dauerfrager charmant ab, beispielsweise so: »Um zunächst für alle Zuhörer den gleichen Kenntnisstand herbeizuführen, möchte ich Sie bitten, sich mit Ihren Anmerkungen noch etwas zu gedulden.« Auf diese Weise gelingt es Ihnen, Störversuche abzuwehren und im Vortrag gelassen zu bleiben.

Der richtige Abschluss

Wichtig ist der Abschluss Ihres Vortrages, da er den Beobachtern gut im Gedächtnis haften bleibt. Wenn Ihr letzter Satz verklungen ist, schauen Sie bitte nicht hilflos in den Saal oder mit einem demutsvoll zur Seite geneigten Blick zum Moderator. Im siebten und letzten Schritt Ihrer Themenpräsentation haben Sie eine Schlusszusammenfassung geliefert und eine konkrete Handlungsaufforderung an Ihr Publikum gerichtet. Behalten Sie auch weiterhin die Kontrolle auf dem Podium. Eröffnen Sie die an den Vortrag anschließende Diskussion oder gehen Sie zu Ihrem Platz zurück.

Wenn nach Ihrem Vortrag eine Diskussion vorgesehen ist, müssen Sie diese moderieren. Gehen Sie auf eventuell während des Vortrags zurückgestellte Fragen von sich aus ein. Beantworten Sie alle Fragen der Zuhörer mit Geduld und Freundlichkeit. Beachten Sie, dass Sie sich in einer Stresssituation befinden: Dadurch sind Ihre emotionalen Reaktionen stärker als üblich. Humor schlägt unter Stress schnell in verkrampfte Fröhlichkeit um, lautes Antworten in aggressive Patzigkeit. Lassen Sie sich nicht auf eine Kampfstimmung ein. Kehren Sie immer wieder zu den Fakten aus Ihrem Vortrag zurück. Stellt man Ihnen Fragen, die Sie nicht beantworten können, sollten Sie ebenfalls gelassen bleiben. Sie könnten mit der Aussage reagieren: »In Ihrer Frage sind interessante Aspekte enthalten. Vielen Dank für die Zusatzinformationen.«

Fassen Sie die Diskussionsbeiträge zusammen

Beenden Sie auch die Diskussion mit einer Schlusszusammenfassung der Redebeiträge. Wiederholen Sie Ihre wichtigsten Argumente und danken Sie Ihren Zuhörern für die Aufmerksamkeit und die Diskussionsbeiträge, beispielsweise mit dem Satz: »Ich habe mich über Ihre Anmerkungen und Rückmeldungen gefreut. Vielen Dank für Ihre Aufmerksamkeit.« Verlassen Sie das Podium, kehren Sie zu Ihrem Platz zurück.

Prägen Sie sich die sieben Schritte der Themenpräsentation ein und trainieren Sie die Umsetzung dieses Schemas mit der Übung »Themen präsentieren«.

Themen präsentieren

Übung

Aufgabenstellung: Halten Sie einen Vortrag zum Thema »Welche Entwicklungen sind in .... (Ihrem zukünftigen Berufsfeld) zu erwarten?«

Greifen Sie auf Ihre Argumente aus der Übung »Schlagworte und Schlüsselbegriffe aus Ihrem Berufsfeld« zurück und arbeiten Sie sie in unser siebenstufiges Schema für Themenpräsentationen ein. Orientieren Sie sich hierbei an unserem Beispiel »Sieben Schritte zum Thema Vertriebsunterstützung«.

Sie haben für diese Übung fünf Minuten Vorbereitungszeit. Ihr anschließender Vortrag sollte eine Länge von zehn Minuten haben.

Medieneinsatz planen

Schritt für Schritt zum schlüssigen Gesamtbild

Setzen Sie bei Ihrem Vortrag Medien ein. Zum einen wissen Ihre Zuhörer dann immer, an welcher Stelle Sie sich gerade im Vortrag befinden. Zum anderen können sie Ihre Argumente besser einordnen. So entsteht Schritt für Schritt ein schlüssiges Gesamtbild, und Sie verdeutlichen von Anfang an, dass Sie Fakten visualisieren können.

Der Medieneinsatz verschafft Ihnen auch bei den Beobachtern Pluspunkte. Bei Vorträgen sollten Sie sowohl den Overheadprojektor als auch das Flipchart als visuelle Orientierungshilfe für Ihr Publikum einsetzen. Rechnen Sie jedoch nicht damit, dass man Sie explizit darauf aufmerksam macht, wenn Overheadfolien und -stifte zur Verfügung stehen. Wenn die Moderatoren bei ihren Übungsinstruktionen jedoch selbst Folien auflegen und Informationen am Flipchart notieren, so sollten auch Sie diese Medien nutzen.

Medieneinsatz gibt Pluspunkte

Ein weiterer Vorteil des Medieneinsatzes zeigt sich, falls Sie einmal den Faden verlieren sollten. Ein Blick auf Ihre Gliederung auf dem Overheadprojektor genügt, und Sie wissen wieder, wo Sie sich gerade befinden. Verschaffen Sie sich die Möglichkeit, mithilfe dieser Medien jederzeit wieder in Ihren Vortrag zurückzukommen.

Für Ihr Publikum hat Ihr Medieneinsatz auch den Vorteil, dass der Spannungsbogen während Ihres Vortrages nicht abreißt. Die Zuhörer haben durch die Visualisierung Fixpunkte und verlieren deshalb nicht die Orientierung. Sie vermeiden durch den Einsatz von Medien, dass die Zuhörer Ihrem Vortrag nicht mehr folgen können, weil sie kurzfristig abgeschaltet haben. Integrieren Sie Ihre Zuhörer in Ihre Themenpräsentation, indem Sie Kernaussagen auch visuell hervorheben.

Nicht mehr als sieben Punkte pro Folie

Unser Schema für Themenpräsentationen visualisieren Sie für Ihre Zuhörer, indem Sie eine Hauptgliederung auf einer Overheadfolie entwickeln. Diese Gliederung legen Sie zu Beginn Ihres Vortrages auf, damit die Zuhörer sich einen Überblick über Ihren Vortrag und dessen Inhalte verschaffen können. Vergessen Sie bei der Erstellung Ihrer Folie nie den Präsentationsgrundsatz: »Nicht mehr als sieben Punkte pro Folie«. Zu viele Informationen auf einmal verwirren jedes Publikum. Stellen Sie zunächst eine grobe Struktur vor, bevor Sie eine weitere Aufgliederung auf nachfolgenden Folien liefern.

Wenn Sie eine Folie zum ersten Mal auflegen, sollten sie etwa drei Sekunden lang eine Pause machen und dabei auf Ihr Publikum schauen. Dieses Schweigen ist für Ihre Zuhörer wichtig, damit die neuen Informationen gelesen und verarbeitet werden können. Zusätzlich hat Schweigen den Vorteil, dass es Spannung beim Zuhörer aufbaut. Ihnen verschafft diese Kunstpause eine Möglichkeit, sich auf die nun folgenden Inhalte zu konzentrieren.

Gehen Sie dann auf die Begriffe ein, die Sie auf Ihrer Folie aufgeführt haben. Bei Ihrem Vortrag sollten Sie sich an die vorgestellte Gliederung halten. Legen Sie keine Folien auf, die unbesprochen bleiben. Weichen Sie auch nicht von Ihrer Vortragsgliederung ab. Wenn Sie im Vortrag von Ihrer Gliederung abweichen oder Ihr mündlicher Vortrag nicht visuell nachvollziehbar ist, weil die Folie einen anderen Inhalt zeigt, führt dies nur zu Verwirrung und Unruhe im Publikum.

Aufgelegte Folien müssen Sie erläutern

Die Overheadfolien, die Sie in Ihrer Themenpräsentation benutzen wollen, bereiten Sie in der Vorbereitungszeit vor. Schreiben Sie nie während des Vortrages auf Overheadfolien. Bei den meisten Kandidaten äußert sich ihre Anspannung in einem leichten Zittern der Hände. Der Overheadprojektor würde dieses Zittern vergrößert an die Projektionsfläche werfen und dadurch nur Ihre Aufregung visualisieren.

Nutzen Sie das Flipchart, um Stichworte anzuschreiben und Fakten zu visualisieren. Notieren Sie aber keine Sätze, sondern nur einzelne Schlagworte und Schlüsselbegriffe. Verwenden Sie nach Möglichkeit Abkürzungen, sonst dauert das Anschreiben zu lange. Schreiben Sie in Blockbuchstaben und so groß, dass Ihre Schrift auch von den weiter hinten Sitzenden gelesen werden kann. Verwenden Sie immer schwarze oder blaue Stifte. Gelbe, rote oder grüne Aufzeichnungen sind schwer lesbar.

Schreiben Sie groß genug auf dem Flipchart

Sie erinnern sich sicherlich an zahlreiche Vorträge, bei denen Sie als Zuhörer zuerst das Interesse und dann den Faden verloren haben, weil der Vortragende erst einmal schweigend die gesamte Tafel voll geschrieben hat, bevor er mit seinen Ausführungen begann. Diese Situation kennen Sie wahrscheinlich aus der Schule oder dem Studium. Der Lehrer schreibt an die Tafel, und die Schüler sehen aus dem Fenster.

Beim Einsatz des Flipcharts gilt deshalb der Grundsatz des Paraphrasierens, das heißt: Sie sprechen beim Anschreiben laut mit. Dies ist auch notwendig, um die von Ihnen auf dem Flipchart verwendeten Abkürzungen verständlich zu machen. Achten Sie darauf, dass der Spannungsbogen wegen zu langer Schreibpausen nicht abreißt.

Am Flipchart müssen Sie paraphrasieren

Stellen Sie sicher, dass Ihre Zuhörer einen freien Blick auf Ihre Visualisierungen haben. Unprofessionell wirken Vortragende, die ihrem Publikum die Sicht nehmen, beispielsweise indem sie sich in den Projektionskegel des Overheadprojektors stellen oder das Flipchart mit ihrem Körper verdecken. Ermöglichen Sie Ihren Zuhörern eine freie Sicht.

Ihr Medieneinsatz wirkt nicht nur positiv auf Ihr Publikum und die Beobachter. Er hat auch eine positive Wirkung auf Sie: Beim Vortragenden sorgt der Medieneinsatz für den Abbau von Stress. Wenn Sie Medien einsetzen, werden Sie zeichnen, zeigen, umblättern und sich auf dem Podium bewegen. Die Bewegung bewirkt bei Ihnen, dass Sie körpersprachlich nicht »einfrieren«. Ihre Hände sind beschäftigt und Sie vermitteln den Beobachtern Dynamik.

Übungen zur Vorbereitung

Hinweise zur Durchführung: Trainieren Sie Ihre rhetorischen Fähigkeiten, indem Sie sich einzelne Übungsziele setzen. Machen Sie vor jedem Vortrag ein Brainstorming. Arbeiten Sie Schlagworte und Schlüsselbegriffe heraus. Lassen Sie auch Ihre über das Unternehmen recherchierten Informationen in den Vortrag einfließen. Trainieren Sie die Umsetzung unseres Präsentationsschemas. Überprüfen Sie – wenn möglich – Ihre Körpersprache mithilfe einer Videoaufnahme.

Lassen Sie recherchierte Informationen einfließen

Für Ihre Vorbereitung stehen Ihnen zehn Minuten zur Verfügung. Ihr Vortrag ist 15 Minuten lang.

Übung

- *Thema 1:* Das Unternehmen, bei dem Sie sich beworben haben, soll verkauft werden. Entwickeln und halten Sie einen Verkaufsvortrag.
- *Thema 2:* Mit welchen Maßnahmen kann die Eigenverantwortung von Mitarbeitern gefördert werden?
- *Thema 3:* Sie sind Abteilungsleiter/in bei dem Unternehmen, bei dem Sie sich beworben haben. Ihre Abteilung will eine neue Serie von Produkten auf dem Markt einführen. Überzeugen Sie mit Ihrem Vortrag den anwesenden Vorstand, Ihnen mehr Personal und finanzielle Mittel zur Verfügung zu stellen.
- *Thema 4:* Was muss getan werden, um den Standort Deutschland für ausländische Investoren attraktiver zu machen?
- *Thema 5:* Halten Sie einen Vortrag zu einem Thema Ihrer Wahl!
- *Thema 6:* Wo steht das Unternehmen, bei dem Sie sich beworben haben, in zehn Jahren?
- *Thema 7:* Worauf sind Sie besonders stolz?

Körpersprache im Vortrag

Ihre Körpersprache ist auch in der Übung Vortrag ein wesentliches Kriterium für die Beobachter. Im Vortrag geht es nicht nur darum, ein Thema fachlich einwandfrei zu präsentieren. Auch die Art, wie das Thema präsentiert wird und wie sich der Vortragende auf dem Podium verhält, spielt eine große Rolle. Eine angemessene Körpersprache ist daher wichtig, damit Sie bei Themenpräsentationen überzeugen.

Die richtige Körpersprache vermittelt Selbstsicherheit

Aus Ihrer Körpersprache im Vortrag werden die Beobachter Rückschlüsse auf Ihre Selbstsicherheit und Ihre Belastbarkeit ziehen. Durch eine unpassende Körpersprache kann der gesamte Vortrag entwertet werden. Körpersprachliche Unsicherheits-, Aggressions- oder Angriffssignale können verhindern, dass Sie einen Draht zum Publikum aufbauen können. Mit einer Körpersprache, die Ihre Argumente unterstützt, werden Sie Ihre Zuhörer für sich und Ihr Thema einnehmen.

Lebendigkeit durch angemessene Gestik

Wer sich einen schnellen Überblick über Fehler in der Körpersprache verschaffen will, braucht sich nur die letzten Vorträge, die er erlebt hat, ins Gedächtnis zu rufen. Eine Fehlerquelle fast aller Vortragenden sind die Hände. Statt ihnen Spielraum zu geben, werden sie vor dem Bauch oder hinter dem Rücken ineinander verschränkt. Der dadurch steif wirkende Ausdruck des Redners ist schon schlimm genug. Leider kommt ein weiterer negativer Effekt hinzu: Die Vortragenden können ihre Hände nicht mehr lösen und verkrampfen sie ineinander. Dies kann dann jeder an vor Blutleere bleichen Fingerknöcheln erkennen. Die Verspannung kann so schlimm werden, dass der Redefluss ins Stocken gerät. Manche Kandidaten treiben sich dadurch in einen totalen Gedankenriss, den gefürchteten Blackout, hinein. Eine starke Anspannung wird auch signalisiert, wenn Vortragende ihre Hände zu Fäusten zusammenballen.

Achten Sie deshalb auf Ihre Hände. Die Hände müssen frei sein, damit Sie als Vortragender wichtige Aussagen und Kernelemente durch Arm- und Handbewegungen unterstreichen können. Wenn Vortragende von der Handhaltung her verkrampfen und körpersprachlich »einfrieren«, fehlt die Lebendigkeit der Rede. Lassen Sie Ihre Arme am Beginn Ihres Vortrages seitlich anliegen. Wenn Sie nach zwei bis drei Minuten Anwärmphase einen konstanten Redefluss erreicht haben, werden Sie – ohne bewusst darüber nachzudenken – Ihre Aussagen durch eine angemessene Gestik unterstützen. Aufgesetzte Gesten brauchen Sie nicht einzustudieren. Es genügt, wenn Sie Ihren Händen einen ausreichenden Spielraum zur Verfügung stellen.

Ihre Hände brauchen genügend Spielraum

Andere Fehler, die zur Bewegungsunfähigkeit auf der Bühne führen, sind das Aufstützen auf den Overheadprojektor, das Anlehnen an das Rednerpult oder das Festhalten am Manuskript. Das zuletzt genannte Verhalten ist besonders heimtückisch. Die meisten Redner neigen wegen der erhöhten Anspannung dazu, beim Vortrag mit den Händen zu zittern. Wird dabei ein Stück Papier in Händen gehalten, verstärkt sich dieses Zittern optisch, sodass es noch der Zuhörer in der letzten Reihe sieht. Die geforderte emotionale Stabilität wird dadurch nicht dokumentiert.

Ein erprobtes Mittel, um dem körpersprachlichen »Einfrieren« auf dem Podium entgegenzuwirken, ist Bewegung. Bewegung ist aktiver Stressabbau. Sie sollten deshalb Ihren Redeplatz in der Mitte zwischen Flipchart und Overheadprojektor einnehmen. Dann sind Sie in der Lage, sich von diesem Zentrum aus zum Medieneinsatz nach links oder rechts zu bewegen. Bewegung ist auch aus anderen Gründen vorteilhaft: Dadurch wird Dynamik vermittelt und das Interesse des Publikums verstärkt. Übertreiben Sie jedoch die Bewegung auf der Bühne nicht, setzen Sie sie sparsam ein.

Bekämpfen Sie Stress durch Bewegung

Das Drehen an Ohrringen oder Perlenketten, das nervöse Herumspielen mit Stiften und das Auf- und Absetzen der Brille nach Politikerart signalisieren Unruhe und Nervosität und sind daher zu vermeiden. Solche Unsicherheits- und Verlegenheitsgesten werden von den Beobachtern aufmerksam registriert.

Manche Kandidaten weichen Fragen aus dem Publikum nicht nur mit Worten, sondern auch körpersprachlich aus: Sie gehen so lange zurück, bis sie die Wand im Rücken spüren. Machen Sie es besser, indem Sie bei Fragen nach vorne treten und die Frage zunächst laut wiederholen. Damit binden Sie Ihr Publikum ein. Halten Sie bei Ihrer anschließenden Antwort den Blickkontakt zum Fragenden. Signalisieren Sie auch mit Ihrer Körpersprache, dass Sie sich nicht aus der Ruhe bringen lassen.

Geschlechtsspezifische Stressreaktionen

Bei Stressreaktionen gibt es auch geschlechtsspezifische Varianten. Männer neigen auf dem Podium eher dazu, zu poltern oder aggressive Gesten zu verwenden. Eine typisch männliche Stressreaktion ist das künstliche Aufblähen, das heißt, dass die Arme seitlich angewinkelt und die Hände in die Taille gestemmt werden.

Frauen greifen unter Stress gelegentlich auf körpersprachliche Signale zurück, die sie längst aus ihrem Verhaltensrepertoire gestrichen glaubten. Wir nennen dies das Mädchenschema: Sie legen den Kopf schief, drehen den Oberkörper hin und her, pendeln dabei mit den Armen und lächeln unsicher.

Keine Chance dem Mädchenschema

Dieses Mädchenschema ist problematisch, da die Glaubwürdigkeit der Argumente und damit die Kompetenz der Vortragenden mit den ausgestrahlten Körpersignalen in Widerspruch steht. Bei den Beobachtern werden dadurch Spekulationen darüber ausgelöst, ob sich die Kandidatin auch bei späteren beruflichen Aufgaben eher auf weibliche Hilflosigkeit zurückziehen wird, statt sich durchzusetzen.

Wer bei seiner Themenpräsentation keinen Blickkontakt zum Publikum hält, sorgt für Irritationen und baut unnötig Antipathien auf. Der professorale Typ, der bei seinem Vortrag die ganze Zeit nach unten schaut, ausformulierte Sätze von seinem Skript abliest und verwundert beim Hochschauen feststellt, dass sein Publikum bereits gegangen ist, sollte nicht Ihr Vorbild sein.

Mit ein wenig Übung gelingt es Ihnen, parallel zu Ihren Ausführungen ins Publikum zu schauen und dabei den Blick über einzelne Zuhörergruppen streifen zu lassen. Wichtig ist für Sie dabei: Missverstehen Sie auf keinen Fall die Mimik Ihrer Zuhörerinnen und Zuhörer. Viele Menschen haben einen sehr strengen Gesichtsausdruck, wenn sie konzentriert zuhören. Beziehen Sie diesen Ausdruck nicht auf sich und Ihre Ausführungen. Verfolgen Sie weiter Ihr Redekonzept.

Halten Sie Blickkontakt zum Publikum

Vortragende wirken auch abwesend und desinteressiert, wenn sie mehr aus dem Fenster als in ihr Publikum schauen. Die Gedächtnispsychologie bestätigt zwar die Bedeutung kurzer abwesender Blicke - wir blicken ins Leere, um vor unserem inneren Auge Gedächtnisinhalte abzurufen. Fortgeschrittene Redner achten aber darauf, dass sich derartige Erinnerungsphasen nicht verselbstständigen. Der Blickkontakt zum Publikum sollte von Ihnen deshalb ständig neu gesucht werden.

Auf einen Blick

Vorträge

Im Blick

- Die Übung Vortrag ist für viele Kandidaten eine besondere Stresssituation, da sie allein vor eine Gruppe treten müssen.
- Der Medieneinsatz ist bei Vorträgen unverzichtbar.
- Bereiten Sie für Ihren Vortrag ein Vortragsskript vor und planen Sie Ihren Medieneinsatz.
- Erläutern Sie am Anfang Ihres Vortrages Ihres Gliederung.
- Nutzen Sie in Ihrem Vortrag Schlagworte und Schlüsselbegriffe. Vermeiden Sie langatmige, detailverliebte Ausführungen.
- Notieren Sie sich die Anfangs- und Endzeit Ihres Vortrages, halten Sie sich an die Zeitvorgaben.
- Vorträgen wird oft eine Diskussion angeschlossen, die Sie moderieren müssen.
- Medien haben nicht nur strukturierende Funktion. Der Medieneinsatz dient auch dem aktiven Stressabbau.

- Ihre Körpersprache kann Ihre Argumente unterstreichen, aber auch entwerten.
- Stellen Sie sich frei auf das Podium, halten Sie sich nicht am Overheadprojektor oder Pult fest.
- Halten Sie Ihr Vortragsskript nicht in der Hand, legen Sie es ab, damit ein eventuelles Händezittern nicht verstärkt wird.
- Vermeiden Sie das Herumspielen mit Schmuck und Stiften. Unsicherheitsgesten lenken Ihr Publikum ab und werden von den Beobachtern negativ registriert.
- Vortragende, die ständig aus dem Fenster oder auf den Boden sehen, gelten als desinteressiert. Richten Sie Ihren Blick ins Publikum.

11

Aufsätze

Ihr Kommunikationsgeschick wird im Assessment-Center nicht nur mündlich, sondern auch schriftlich überprüft. In der Übung Aufsatz müssen Sie beweisen, dass Sie Themen auch schriftlich aufbereiten können. Zeigen Sie, dass Sie in sich schlüssige Argumentationslinien entwickeln und dass Sie Wesentliches von Unwesentlichem unterscheiden können.

Schriftliche Strukturierung eines Themas

Die Übung Aufsatz wird zwar vorwiegend eingesetzt, um Teilnehmer zu beschäftigen und keinen Leerlauf im Assessment-Center zu riskieren, aber eine Blöße dürfen Sie sich bei der schriftlichen Aufbereitung von Themen trotzdem nicht geben. Aus Ihrem Aufsatz muss deutlich werden, welche Auffassung Sie vertreten, und Sie müssen zeigen, dass Sie ein Thema strukturieren können. Bei der Auswertung Ihres Aufsatzes müssen die Beobachter bereits beim ersten flüchtigen Überfliegen erkennen, was Sie vermitteln wollen.

Bei speziellen Bewerbergruppen sind die Anforderungen jedoch höher gesteckt: Hierzu zählen Bewerberinnen und Bewerber für journalistische Arbeitsfelder oder im PR-Bereich. Wenn Sie sich als PR-Assistentin bewerben, erwartet man von Ihnen, dass Sie Informationen schriftlich aufbereiten können und Mitteilungen so verfassen, dass sie in der externen und internen Unternehmenskommunikation eingesetzt werden können. In diesen Fällen hat die Übung Aufsatz den Charakter einer Arbeitsprobe. Der Aufsatz soll Aufschluss über die Qualität der schriftlichen Ausdrucksfähigkeit unter Zeitdruck geben.

Die Anspannung muss aufrechterhalten werden

Für die Mehrzahl der Bewerber gilt jedoch, dass die Übung Aufsatz in Assessment-Centern meistens dann eingesetzt wird, wenn die Beobachter zeitintensive Einzelübungen mit ausgewählten Kandidaten durchführen. Wird ein Kritikgespräch simuliert, ein Verkaufsgespräch durchgespielt oder ein Interview durchgeführt, sind der Moderator und die Beobachter gebunden. Es können dann nicht alle Kandidaten gleichzeitig beobachtet werden. Diejenigen, die nicht bei den oben genannten Übungen antreten, müssen anderweitig beschäftigt werden. Sonst würde der Druck von den Kandidaten abfallen und der Stresspegel würde sinken. Da man Sie im Assessment-Center aber ständig unter Anspannung halten möchte, konfrontiert man Sie in diesen Phasen mit der Übung Aufsatz. Dazu muss man Sie nicht beobachten, es wird nur das schriftliche Endergebnis bewertet.

Wir geben Ihnen im Folgenden Hinweise, was Sie thematisch erwartet, wie Sie bei der inhaltlichen Ausgestaltung überzeugen und welche formalen Regeln Sie bei der Niederschrift berücksichtigen sollten.

Aufsatztypen

Wenn in Assessment-Centern Aufsätze geschrieben werden sollen, so lassen sie sich folgenden drei Themengruppen zuordnen:

- Gründe für Ihre Einstellung
- berufsfeldbezogene Themen
- Themen aus dem Bildungsbürgertum

Ihre Selbstpräsentation ist gefragt

Gründe für Ihre Einstellung: Bei diesem Aufsatztyp ist Ihre Selbstpräsentation in Schriftform gefragt. Die inhaltliche Ausgestaltung des Aufsatzes gelingt Ihnen mit den Regeln, die für Ihre Selbstpräsentation gelten. Bauen Sie Ihren Aufsatz so auf, dass der Bezug zur ausgeschriebenen Stelle deutlich wird. Stellen Sie berufliche Erfahrungen, beispielsweise aus Praktika, Werksstudententätigkeiten, studentischer Unternehmensberatung oder einer praktischen Diplomarbeit, in den Vordergrund. Heben Sie besonders die Tätigkeiten hervor, die einen Bezug zur Einstiegsposition haben.

Warum sollten wir Sie einstellen?

Aufgabenstellung: »Sie haben 60 Minuten Zeit, um schriftlich darzulegen, warum Sie bei der ABC-Bank arbeiten wollen. Überzeugen Sie Ihren zukünftigen Filialleiter von Ihren Qualitäten.«

Berufsfeldbezogene Themen: Diese Aufsatzthemen sind mehr auf Aspekte Ihres zukünftigen Berufsfeldes ausgerichtet. Mögliche Aufgabenstellungen haben wir in unserem Beispiel zusammengefasst.

Der Bezug zum Beruf

- »Welche vertriebsunterstützenden Maßnahmen sind für eine neu einzuführende Produktreihe sinnvoll?«
- »Wie sollte sich unser Unternehmen auf einer Fachmesse präsentieren?«
- »Welche Fähigkeiten sind wichtig, um als Führungskraft Erfolg zu haben?«

Die berufsfeldbezogenen Aufsätze sollten Sie gut durchstrukturieren. Erstellen Sie ein Konzept, das in der beruflichen Praxis umgesetzt werden könnte. Bauen Sie berufsfeldbezogene Aufsätze nach dem folgenden Schema auf:

- Warum ist das Thema für das Unternehmen wichtig?
- Was soll erreicht werden?
- Welche Maßnahmen könnten ergriffen werden?
- Welche Maßnahmen sind weniger sinnvoll?
- Welche Maßnahmen sind sinnvoll?
- Ihre Meinung: Diese Maßnahmen sollten eingesetzt werden.

Ein besonderer Fall des berufsfeldbezogenen Aufsatzes ist die Aufforderung an die Kandidatinnen und Kandidaten, bestimmte Aussagen oder Eigenschaften nach ihrer Wichtigkeit zu ordnen, diese Ordnung zu begründen und eigene Aussagen oder Eigenschaften hinzuzufügen. Zu diesem Sonderfall stellen wir Ihnen die nachfolgende Übung vor.

Ihre Meinung ist gefragt!

Übung

Aufgabenstellung: »Sie haben 60 Minuten Zeit, um aus folgenden 15 Eigenschaften sieben auszuwählen, die erfolgreiche Vorgesetzte charakterisieren.

1. teamfähig
2. einfühlsam
3. durchsetzungsfähig
4. begeisterungsfähig
5. motivierend
6. ausdauernd
7. kreativ
8. analytisch
9. aufgeschlossen
10. pragmatisch
11. fachlich kompetent
12. optimistisch
13. risikobereit
14. gelassen
15. vertrauenswürdig

Begründen Sie Ihre Auswahl und nennen Sie drei weitere Eigenschaften, die Sie sich persönlich von Ihren zukünftigen Vorgesetzten wünschen. Ihre schriftliche Ausarbeitung soll nicht länger als acht DIN-A4-Seiten sein.«

Themen aus dem Bildungsbürgertum: Wenn Ihnen Themen aus dieser Gruppe vorgegeben werden, wissen Sie, dass man Sie hauptsächlich beschäftigen will. In einem Unternehmen aus der Luftfahrt lautete die Aufgabenstellung in der Übung Aufsatz: »Assozieren Sie über das Zitat von Max Frisch ›Alles Fertige hört auf, Behausung unseres Geistes zu sein‹«.

Wie bei allen anderen Übungen in Assessment-Centern ist auch hier Ihre Anpassungsfähigkeit an die Situation gefragt. Spielen Sie so gut wie möglich mit. Bezogen auf unser Beispiel könnten Sie beispielsweise thematisieren, dass es wichtig ist, Entwicklungen weiter voranzutreiben, Produkte ständig zu optimieren, sich auf verändernde Marktsituationen einzustellen und auf kreativen Wegen die eingefahrenen Pfade des Tagesgeschäftes sinnvoll zu erweitern. Versuchen Sie, auch bei allgemein gehaltenen Themen berufsbezogen zu argumentieren, und zeigen Sie, dass Sie in der Lage sind, Ihr kreatives Potenzial für berufliche Zusammenhänge einzusetzen. Solche Themenstellungen aus dem Bildungsbürgertum werden jedoch nur selten im Assessment-Center verwandt.

Argumentieren Sie bei allen Themen berufsbezogen

Formale Gestaltung

Leider werden die meisten Aufsätze im Assessment-Center verfasst wie missglückte Schulaufsätze zum Thema »Mein schönstes Ferienerlebnis«. Weitschweifige Formulierungen, verschachtelte Sätze, der Verzicht auf Absätze und andere Textstrukturierungen machen es dem Leser schwer zu erkennen, was der Schreiber eigentlich aussagen möchte. Oft beginnt der Aufsatz links oben auf dem ersten Blatt Papier und endet nach sieben eng beschriebenen Seiten rechts unten auf der letzten Seite. Da die Seiten nur in Ausnahmefällen durchnummeriert werden, ergibt sich für die Beobachter das Geduldspiel, die richtige Anschlusseite zu finden. Wenn dann die

Machen Sie es dem Leser leicht

Schrift noch unleserlich oder zu klein ist, kassieren die Kandidaten natürlich Minuspunkte.

Ihre schriftliche Ausarbeitung überzeugt dann, wenn sie den Leser nicht nur inhaltlich, sondern auch gestalterisch anspricht. In jedem Fall sollten Sie Ihren ausformulierten Gedanken eine Gliederung voranstellen, damit die Klarheit Ihrer Argumente durch eine visuelle Struktur unterstützt wird. Erstellen Sie ein Deckblatt, auf dem Sie das Thema des Aufsatzes wiederholen. Fertigen Sie ein Inhaltsverzeichnis an, nummerieren Sie die Seiten und gliedern Sie den Text mit Absätzen und Zwischenüberschriften.

Auch die Gestaltung wird bewertet

Formulieren Sie in kurzen Sätzen und achten Sie auf die Lesefreundlichkeit Ihres Textes. Versuchen Sie nicht, den Leser durch Fachtermini zu erschlagen. Ihr Sprachgebrauch sollte sich an einen interessierten Laien richten. Wichtige Aussagen können Sie hervorheben. Unterstreichen Sie beispielsweise Kerngedanken, oder kennzeichnen Sie Absätze mit einem Ausrufezeichen. Denken Sie auch an genügend Seitenrand. Liefern Sie eine kurze Einleitung und einen Ausblick am Ende.

Im Blick

Auf einen Blick

Aufsätze

- Aufsätze dienen vorrangig dazu, die Teilnehmer zu beschäftigen, um den Druck aufrechtzuerhalten, und Leerlauf im Assessment-Center zu vermeiden.
- Versuchen Sie nicht, Leser durch Fachtermini zu erschlagen. Richten Sie Ihren Aufsatz auf die Bedürfnisse interessierter Laien aus.
- Erstellen Sie Ihren Aufsatz so, dass auch die Gestaltung ansprechend wirkt. Liefern Sie ein Deckblatt und eine Gliederung. Nummerieren Sie die Seiten und gliedern Sie den Text.

- Achten Sie auf die Lesefreundlichkeit Ihres Textes. Formulieren Sie in kurzen Sätzen. Machen Sie Kerngedanken deutlich. Denken Sie an eine Einleitung und einen Ausblick am Ende. Lassen Sie einen Rand für Anmerkungen des Lesers.

12

Postkorb

In der Postkorbübung müssen Sie Termine vergeben, Aufgaben delegieren und Vorgänge beurteilen. Sie werden sich in einer knapp bemessenen Zeit durch einen Stapel von Unterlagen arbeiten müssen. Die von Ihnen gefällten Entscheidungen sind schriftlich zu fixieren.

Die bekannteste Übung des Assessment-Centers

Ihre Chancen stehen etwa 50 zu 50, ob Sie in Ihrem Assessment-Center auf die Übung Postkorb treffen werden. Nach unserer Erfahrung müssen Sie bei zweitägigen Assessment-Centern auf jeden Fall mit einem Postkorb rechnen, während bei eintägigen Veranstaltungen die Einsatzhäufigkeit abnimmt. Denn wenn Unternehmen dieses Auswahlverfahren an einem Tag ausrichten, möchten die Beobachter die Kandidaten lieber in Aktion sehen. Dann werden sie Übungen wie Gruppendiskussionen, Vorträge und Rollenspiele bevorzugen, in denen sich das Verhalten direkt beobachten lässt. Auf den Einsatz der Postkorbübung wird auch oft verzichtet, weil die Entwicklung, Durchführung und Auswertung dieser Übung viel zu zeit- und kostenaufwändig ist.

Wir wissen, dass Kandidatinnen und Kandidaten, die einmal unvorbereitet einen Postkorb bewältigt haben, diese Übung in schlechter Erinnerung behalten. Wir geben Ihnen jetzt die Möglichkeit, sich auf die Übung Postkorb vorzubereiten. Wir werden Ihnen zunächst aufzeigen, worum es beim Postkorb geht. Dann stellen wir Ihnen bewährte Techniken vor, mit denen Sie die Situation in den Griff bekommen.

Damit Sie selbst ausprobieren können, wie sich unsere Tipps und Techniken umsetzen lassen, haben wir für Sie eine komplette Übung Postkorb aufgeführt. Da wir aus unserer Beratungspraxis wissen, dass positive Trainingseffekte bei der Übung Postkorb schon nach einem Probedurchlauf zu erzielen sind, sollten Sie unseren Postkorb zu Übungszwecken unbedingt durcharbeiten.

Positive Trainingseffekte

Was misst der Postkorb?

Die Übung Postkorb ist eine der bekanntesten Übungen von Assessment-Centern. Die Meinungen der Experten über Sinn und Unsinn des Postkorbes gehen allerdings weit auseinander. Während die einen behaupten, »dass Postkorbübungen heute in jedes Assessment-Center gehören«, meinen die anderen, dass diese Übung »mit dem Berufsalltag nahezu nichts zu tun hat und daher im Assessment-Center völlig fehl am Platze ist«.

Die Befürworter führen an, dass die Übung Postkorb zeige, wie ausgeprägt Ihre analytischen Fähigkeiten, Ihre Fähigkeiten im Umgang mit komplexen Sachverhalten, Ihre Entscheidungsbereitschaft, Ihre Delegationsbereitschaft und Ihre emotionale Stabilität unter starkem Zeitdruck sind.

Den Postkorb bearbeiten Sie üblicherweise schriftlich. Sie notieren Ihre Bewertung der ausgehändigten Schriftstücke und geben dann Ihre Lösungsvorschläge ab. Gelegentlich werden Ihre schriftlichen Ergebnisse auch anschließend von den Beobachtern hinterfragt und Sie zur Begründung einzelner Entscheidungen aufgefordert. In diesem Fall wird mit der Übung Postkorb zusätzlich auch Ihr Umgang mit Kritik, Ihre Ausdauer beim Vertreten Ihrer Entscheidungen, Ihr Argumentationsgeschick und Ihr sprachliches Ausdrucksvermögen bewertet.

Die Postkorbbearbeitung erfolgt schriftlich

Wenn die Beobachter Ihre Entscheidungen anzweifeln, versucht man damit häufig nur, Sie unter Druck zu setzen. Geben

Sie nicht nach und gestehen womöglich, dass Sie Ihre Entscheidungen eher intuitiv getroffen haben. Verweisen Sie auf Zusammenhänge zwischen einzelnen Vorgängen, Terminüberschneidungen und übliche Informations- und Entscheidungswege bei delegierten Aufgaben.

Im Vordergrund: Ihre Stressresistenz

Ganz besonders Ihre Stressresistenz unter starkem Zeitdruck ist ein wesentliches Kriterium dieser Übung. Die Übung ist immer so angelegt, dass die vorgegebene Zeit nicht ausreicht. Sie werden es niemals schaffen, 100-prozentige Lösungen für alle Vorgänge auszuarbeiten. Beim Postkorb, wie auch im späteren beruflichen Alltag, gilt die Grundregel, dass Sie bei Zeitbeschränkungen lieber fünf Aufgaben gut lösen, statt eine perfekt zu bewältigen und vier andere unerledigt zu lassen.

Daher lässt sich eine Nähe der Übung Postkorb zu späteren beruflichen Anforderungen nicht leugnen. Wenn Sie die Aufgabenstellungen innerhalb des Postkorbes lösen, wie es aus Sicht des Unternehmens erwartet wird, zeigen Sie, dass Sie mit betrieblichen Abläufen, mit Hierarchien und Zuständigkeiten, also mit den üblichen Arbeits- und Umgangsformen innerhalb von Unternehmen vertraut sind.

Gutes Zeitmanagement und Entscheidungsfreude sind gefragt

Beim Postkorb sind vor allem Ihr Zeitmanagement und Ihre Entscheidungsfreude gefragt. Wir vermitteln Ihnen nun, welche Techniken Ihnen dabei helfen, die Übung Postkorb zu bewältigen.

Techniken zur Bewältigung

Alle Aufgabenstellungen von Postkorbübungen laufen auf die Aufforderung hinaus: »Sehen Sie die Ablage durch und bearbeiten Sie sie!« In dieser Übung haben Sie immer eine bestimmte Anzahl von Schriftstücken zu bearbeiten. Es handelt sich dabei um Aufzeichnungen betrieblicher Vorgänge, Entscheidungsvorlagen und private Notizen. Sie haben dazu üblicherweise ein bis zwei Stunden Zeit.

Aufgaben im Postkorb

Beispiel

Ausgangssituation: Sie sind Führungskraft im Unternehmen XY. Sie kommen zwischen zwei Auslandseinsätzen in Ihr Büro. Dort arbeiten Sie alle aufgelaufenen beruflichen und privaten Vorgänge innerhalb einer Stunde ab und koordinieren Sie terminlich. Die Schriftstücke in der Postkorbübung könnten so aussehen:

- *Notiz 1:* Ihr Stellvertreter hat eine Grippe bekommen und sich für die nächste Woche krank gemeldet. Er sollte einen Vortrag beim »Verband der Marketingfreunde in Rente« halten.
- *Notiz 2:* Die Personalabteilung möchte unbedingt eine Entscheidung darüber haben, an welchen Fortbildungsmaßnahmen Ihre Mitarbeiter in den nächsten 12 Monaten teilnehmen sollen.
- *Notiz 3:* Die Geschäftsleitung hat Sie aufgefordert, ein Konzept mit Verbesserungsvorschlägen zur Kundenberatung zu entwickeln. Das Konzept soll in 14 Tagen vor der Leitung präsentiert werden.
- *Notiz 4:* Ihr neuer Mitarbeiter Herr Müller hat sich beim Betriebsfest negativ über die Führungsqualitäten des Gruppenleiters, Herrn Schmidt, geäußert. Herr Schmidt bittet Sie, dass Sie Herrn Müller zu diesem Vorgang zur Rede stellen.

Unterscheiden Sie Wichtiges von Unwichtigem

Ihr erster Schritt muss sein, wichtige von unwichtigen Informationen zu trennen und dringliche von weniger dringlichen Terminen zu unterscheiden. Hierbei hilft Ihnen unsere Entscheidungsmatrix in Abbildung 4, die Sie für die Bewertung jedes einzelnen Vorganges einsetzen können.

Entscheidungsmatrix für die Postkorbübung

	wichtig	weniger wichtig
dringlich	**+w +d**	**-w +d**
weniger dringlich	**+w -d**	**-w -d**

Abbildung 4

Welche Auswirkungen sind für das Unternehmen zu erwarten?

Überlegen Sie sich bei jedem Vorgang, welche Auswirkungen sich für das Unternehmen ergeben. Auf diese Weise können Sie entscheiden, ob der Vorgang wichtig oder unwichtig ist. Stellen Sie auch fest, welche zeitliche Priorität der Vorgang hat, ob er dringlich oder weniger dringlich ist. Aus unserer Entscheidungsmatrix ergeben sich vier Kategorien für die Vorgänge, die Sie unterschiedlich bearbeiten sollten.

- *Kategorie 1:* Sehr wichtige und sehr dringliche Vorgänge müssen Sie in jedem Fall bearbeiten und selbst entscheiden.
- *Kategorie 2:* Bei sehr wichtigen Vorgängen, die aber nicht dringlich sind, behalten Sie sich die Entscheidung vor. Sie können in diesen Fällen einen Termin festlegen, der mit den sehr dringenden und sehr wichtigen Vorgängen nicht kollidiert.
- *Kategorie 3:* Sind Vorgänge weniger wichtig, gleichzeitig aber sehr dringlich, delegieren Sie sie an Ihre Mitarbeiter.
- *Kategorie 4:* Unwichtige und nicht dringliche Vorgänge sind Zeitfallen, auf die Sie beim Aufbereiten des Postkorbes nur kurz eingehen sollten.

Wenn Sie die Vorgänge bezüglich Ihrer Wichtigkeit und Dringlichkeit untersuchen, sollten Sie direkt auf dem Schriftstück Ihre Entscheidung vermerken. Achten Sie beim Durchlesen auch darauf, ob einzelne Vorgänge miteinander in einem Zusammenhang stehen.

Auf keinen Fall dürfen Sie den Postkorb bearbeiten, bevor Sie alle Unterlagen gelesen haben. Es ist häufig der Fall, dass spätere Inhalte im Widerspruch zu vorhergehenden stehen. Daher müssen Sie sich zunächst einen Überblick über sämtliche Informationen verschaffen. Lesen Sie alle Notizen und Hinweise durch, bevor Sie anfangen, detaillierte Lösungen auszuarbeiten. Übrigens: Blinkt an Ihrem Bearbeitungsplatz ein Anrufbeantworter, muss dieser natürlich auch abgehört werden.

Lesen Sie zuerst alle Notizen

Für die Bewältigung von Terminen müssen Sie einen Tagesplan erstellen, in den Sie die Zeiten für Gespräche, Konferenzen und Anrufe eintragen. Achten Sie bei der Erstellung Ihres Tagesplanes darauf, dass Sie mit realistischen Zeitvorgaben arbeiten: Lassen Sie zwischen den einzelnen Terminen ausreichend Zeit und verplanen Sie nicht mehr als 50 Prozent Ihrer gesamten Tageszeit.

Sie können davon ausgehen, dass die Unterlagen Termine enthalten, die sich überschneiden. Daher tragen Sie, um einen Überblick zu bekommen, alle Termine in einen Terminkalender ein. Gelegentlich liegt ein Kalender bei, wenn nicht, fertigen Sie auf einem Blatt Papier einen eigenen an.

Entscheiden Sie aus der Perspektive der vorgegebenen Position

Alle Lösungen von Ihnen müssen unter einer Perspektive stehen: Ihre Entscheidungen müssen einen deutlichen Bezug zu der vorgegebenen Führungsposition erkennen lassen. Zeigen Sie, dass Sie sich mit betrieblichen Abläufen und Hierarchien auskennen: Delegieren Sie Vorgänge, geben Sie Informationen an die zuständigen Abteilungen und Mitarbeiter weiter, fordern Sie bei unklarer Ausgangslage weitere Informationen an und zeigen Sie sich bei aktuellem Handlungsbedarf entscheidungsfreudig.

Um delegieren zu können, müssen Sie natürlich wissen, welcher Mitarbeiter in welcher Position beschäftigt ist. Manchmal ist deshalb Ihren Unterlagen ein Organigramm beigefügt, das bereits die Positionen und Namen der genannten Mitarbeiter enthält. Ist die Betriebshierarchie nicht visualisiert, skizzieren Sie sich selbst anhand der Unterlagen ein Organigramm.

Grundsätzlich gilt in der Übung Postkorb die Regel: »Erst kommt der Beruf, dann das Private!« Dies ist zu beachten, wenn in Ihrem Postkorb Vorgänge liegen wie beispielsweise: »Der Klassenlehrer Ihres Sohnes hat angerufen und als Termin für ein Gespräch mit Ihnen in der Schule den 14. Februar, 10 Uhr, genannt. Ihr Sohn ist zum dritten Mal beim Rauchen erwischt worden und soll nun einen Schulverweis bekommen.«

Wenn Sie in Ihrem Postkorb gleichzeitig die Notiz finden, dass »die Werbeagentur Müller angerufen hat, weil Sie am 14. Februar um 10 Uhr die neue Dachkampagne für die Produkte Ihres Unternehmens präsentieren wird«, dürfte Ihnen eine Entscheidung hinsichtlich der beiden parallel liegenden Termine sicherlich keine Schwierigkeiten bereiten.

Berufliches kommt vor Privatem

Ihre Lösungen müssen Sie schriftlich fixieren, wobei Sie auf eine ansprechende formale Präsentation achten sollten. Flüchtig und unleserlich hingekritzelte Hieroglyphen, die die Handschrift des zukünftigen Top-Managers andeuten, erfreuen die Beobachter bei der anschließenden Auswertung kaum. Am besten fertigen Sie für jeden Vorgang einen separaten Lösungszettel mit hervorgehobener Überschrift, beispielsweise in großen Blockbuchstaben LÖSUNG ZU VORGANG 1, an. Notieren Sie dann stichwortartig zu jedem Vorgang:

- Welche Entscheidung haben Sie getroffen?
- Warum haben Sie diese Lösung gewählt?
- Was ist nun zu tun?

Mit dieser Vorgehensweise machen Sie Ihre Entscheidungen für die Beobachter transparent und nachvollziehbar.

Übung Postkorb

Trainieren Sie diese Übung!

Wir stellen Ihnen nun eine komplette Übung Postkorb vor, da wir die Erfahrung gemacht haben, dass schon nach einem Probedurchlauf positive Trainingseffekte zu erzielen sind. Nehmen Sie sich deshalb die Zeit, diese Übung zu trainieren.

Postkorb

Lassen Sie sich von Freunden diese Übung kopieren und die einzelnen Notizen jeweils in einen verschlossenen Briefumschlag legen. Setzen Sie sich mit den Umschlägen an Ihren Arbeitsplatz. Als Hilfsmittel haben Sie Papier und Stifte zur Verfügung. Sie haben 30 Minuten für die Ausarbeitung Ihrer Lösung zur Verfügung. Es gibt keine Verlängerung!

Ausgangssituation: Sie sind Herr Felix Svensson, Hauptgeschäftsführer der Industrie- und Handelskammer. Sie begleiten ab heute den Wirtschaftsminister zusammen mit führenden Vertretern von Unternehmen und Wirtschaftsverbänden auf einer zweiwöchigen Reise in die Ukraine. Dort kann man Sie nicht erreichen. Heute ist Dienstag, der 15. Juli. Sie sind heute morgen sehr früh in Ihr Büro in die IHK gefahren, es ist 4.30 Uhr. Sie haben 30 Minuten Zeit, um die für Sie aufgelaufenen Nachrichten und Termine aufzuarbeiten. Um 5 Uhr holt Sie ein Taxi von der IHK ab, das Sie direkt zum Flughafen bringt. Am Montag, den 28. Juli sind Sie von Ihrer Reise zurück.

Bei Ihrer Arbeit in der IHK unterstützt Sie Ihr persönlicher Referent, Herr Zimmer. Die Sekretärin, Frau Dennenwaldt, ist sowohl für Sie als auch für die Abteilung für Außenwirtschaft zuständig. Personalleiterin ist Frau Kanupka.

In Ihrer Ablage finden Sie Notizen, Faxe, Briefe und Entscheidungsvorlagen. Nehmen Sie, soweit es Ihrer Meinung nach erforderlich ist, zu den einzelnen Vorgängen Stellung. Treffen Sie Entscheidungen, delegieren Sie, lassen Sie Termine vereinbaren.

Geben Sie Ihre Lösungen zu den Notizen bitte in Schriftform ab.

Notiz 1

Hausmitteilung per Brief

Von: Frau Stefanie Jürgens, Hauptabteilungsleiterin Außenwirtschaft

Lieber Felix,
hiermit lade ich Dich herzlich zu unserem Empfang anlässlich des 10-jährigen Bestehens unseres Arbeitskreises »Wirtschaft in der Schule« ein. Komm doch bitte am 22. Juli in den großen Kongresssaal. Um 11.15 Uhr geht es los.
Bis dann, Stefanie Jürgens

Notiz 2

Brief

Von: Oberbürgermeister

Sehr geehrter Herr Svensson,
der von Ihnen gewünschte Gesprächstermin mit dem Herrn Oberbürgermeister anlässlich der Neuausweisung von Gewerbeflächen im Stadtgebiet am 29. Juli muss leider vorverlegt werden. Der Herr Oberbürgermeister hat nur am 24. Juli um 11.30 Zeit. Kommen Sie für das Gespräch bitte ins Rathaus.
Mit freundlichen Grüßen
Sekretariat des Oberbürgermeisters

Persönliche Mitteilung

Von: Frau Dennenwaldt, Sekretariat

Sehr geehrter Herr Svensson,
schon wieder hat Frau Kanupka bei der Frühstückspause gesagt, dass Sie mehr außerhalb als innerhalb der IHK zu sehen sind. Das sollten Sie sich nicht länger gefallen lassen. Notiz 3
Mit freundlichen Grüßen
Ihre Frau Dennenwaldt

Telefonnotiz

Von: Software GmbH

Die in der IHK benutzte Software muss wegen der Euro-Einführung angepasst werden. Unser Unternehmen hat eine Software entwickelt, die die Einführung des Euros berücksichtigt. Unsere Preise liegen 30 Prozent unter vergleichbaren Angeboten. Notiz 4
Bitte vereinbaren Sie einen Präsentationstermin mit unserem Vertrieb.

Fax

Von: Präsident der Unternehmensverbände

Sehr geehrter Herr Svensson,
für die Vorbereitung unserer gemeinsamen Stellungnahme zum Thema »Ausbildungsplatzabgabe für nicht ausbildende Betriebe« bitte ich um die Zusendung der offiziellen Position der IHK bis zum 25. Juli. Der Ausschuss trifft sich dann wie besprochen mit Ihnen persönlich am 1. August. Notiz 5
Mit freundlichen Grüßen
Präsident

Telefonnotiz

Von: Dennenwaldt

Notiz 6

Anruf von Ihrem Kunsthändler. Ein hübscher Biedermeier-Sekretär, der Ihnen noch für Ihr Arbeitszimmer zu Hause fehlte, ist für 4000 Mark/2000 Euro zu bekommen. Der Sekretär ist für Sie bis zum 18. Juli reserviert. Wenn Sie bis dahin kein Interesse gezeigt haben, wird er an einen amerikanischen Sammler verkauft.

Fax

Von: Handwerkskammer An: Herrn Svensson

Notiz 7

Am 16. Juli um 12.30 Uhr komme ich in die Kammer, um Ihren Standpunkt hinsichtlich der neuen Gefahrstoffverordnung bei Gefahrguttransporten der Klassen C, D und E kennen zu lernen.
Thomsen, Assistent für Presse- und Öffentlichkeitsarbeit

Postkarte

An den
Hauptgeschäftsführer der IHK Herrn Felix Svensson

Notiz 8

Hallo Felix,
ich las neulich in der Zeitung, dass Du richtig Karriere gemacht hast. Ich mache eine Woche Urlaub in Deiner Stadt. Am 24. Juli schaue ich um 12 Uhr bei Dir herein. Stell das Bier kalt, das erste Wiedersehn nach 30 Jahren muss begossen werden. Dein alter Studienkollege

Benedikt

Fax

Industrieblatt, Düsseldorf

An den
Hauptgeschäftsführer der IHK Herrn Felix Svensson

Sehr geehrter Herr Svensson,
am 23. Juli erscheint unser Industrieblatt mit einer Sonderbeilage, diesmal zum Thema »Wirtschaftsstandort Deutschland«. Wie in den Jahren zuvor möchten wir auch diesmal Ihre Meinung zu diesem aktuellen Thema in unseren Artikel einfließen lassen. Ich rufe Sie daher am 22. Juli um 11.10 Uhr an, um in einem zwanzigminütigen Gespräch wesentliche Aspekte zu klären. Vielleicht faxen Sie mir vorher wieder einen Gesprächsleitfaden, der aktuelle Stichworte zu dem oben aufgeführten Thema enthält. Notiz 9

Mit freundlichen Grüßen
Ihre Susanne Schnell (Redakteurin)

Entscheidungsvorlage

Von: Zimmer

Betrifft: Erneuerung der Sitzgelegenheiten und Tische im großen Saal

Es liegen zwei Angebote in der von Ihnen gewünschten Ausstattung vor. Angebot 1 für 20 500 Mark/10 250 Euro und Angebot 2 für 19 000 Mark/9 500 Euro. Wenn wir das Angebot 2 wahrnehmen wollen, müssen wir beim Händler bis zum 17. Juli bestellen. Danach gelten die Sommeraktionspreise nicht mehr. Damit Sie eine bessere Vorstellung haben, liegen Kataloge mit Fotos von den Tischen bei. Notiz 10

Brief

Bundesverband der Industrie- und Handelskammern

Bundesweites Jahrestreffen der Geschäftsführerinnen und Geschäftsführer

Notiz 11

Sehr geehrter Herr Svensson,
vom 10. bis zum 12. Oktober findet unser bundesweites Jahrestreffen statt, dieses Jahr turnusgemäß in Ihrer IHK. Damit möglichst viele der eingeladenen Gäste den Termin wahrnehmen können, geht unser Programm am 24. Juli in Druck und wird ab dem 25. Juli versandt. Einzelne Punkte im Rahmenprogramm sind noch unklar. Ich nehme am 16. Juli am Kongress »Föderalismus und Europa?« in Ihrer Stadt teil. Die Mittagspause möchte ich nutzen, um mit Ihnen die noch offenen Punkte unseres Jahrestreffens zu klären. Ich werde gegen 12.45 Uhr bei Ihnen sein.

Mit freundlichen Grüßen

Hauptgeschäftsführer der Bundesvereinigunng

Telefonnotiz

Von: Zimmer

Notiz 12

Anruf vom Staatssekretär aus dem Wirtschaftsministerium. Er wartet noch auf die von Ihnen zugesagte Tagesordnung für das Ausschusstreffen in der IHK zum Thema »Autofreie Innenstadt?« Aus Zeitgründen soll die Tagesordnung nicht mehr als sechs Punkte enthalten.

Brief

Von: Bildungsakademie der Wirtschaft/BdW

Sehr geehrter Herr Svensson,
vielen Dank für den Termin am 16. Juli um 12 Uhr, den mir Ihre Sekretärin kurzfristig eingeräumt hat. Für die Computerfortbildungen und die Fortbildungen in den Bereichen Präsentation und Moderation sind noch jeweils zwei Plätze frei. Wir sollten in unserem Gespräch klären, an welchen Kursen Sie teilnehmen und wer sonst noch aus der IHK in Frage kommt. Notiz 13

Mit freundlichen Grüßen

Ilse Brenner, Bildungsreferentin an der BdW

Wichtiger Termin

Sehr geehrter Herr Svensson,

wie Sie wissen, scheidet Ihr Referent Herr Zimmer aus seiner Position am 1. Oktober aus, weil er dann als Abteilungsleiter zur IHK nach Leipzig wechselt. Ich habe Vorstellungsgespräche mit wirklich interessanten Kandidatinnen und Kandidaten vereinbart. Sie sollten unbedingt dabei sein, schließlich sind Sie Fachvorgesetzter. Die sieben Vorstellungsgespräche finden am 24. Juli statt. Folgender Zeitplan ist vorgesehen: Notiz 14

9.30 Uhr	Kandidatin 1	11.30 Uhr	Mittagspause
10.00 Uhr	Kandidat 2	12.00 Uhr	Kandidat 5
10.30 Uhr	Kandidat 3	12.30 Uhr	Kandidatin 6
11.00 Uhr	Kandidatin 4	13.00 Uhr	Kandidatin 7

Ich sehe Sie dann am 24. Juli,
mit freundlichen Grüßen, Kanupka

Telefonnotiz

Von: Dennenwaldt

Notiz 15

Anruf von der Studentengruppe EIESEK. Anlässlich des Sommerkurses »Verständigung ohne Grenzen« hatten Sie zugesagt, einen Vortrag vor den von der Studenteninitiative eingeladenen Studierenden aus Portugal zu halten. Ich habe mit dem Vertreter der Gruppe vereinbart, dass Sie die Studentinnen und Studenten am 22. Juli um 11 Uhr in der Kammer begrüßen werden. Ich erbitte Ihre Bestätigung.

Für diese Übung haben wir Ihnen außerdem die Lösung zusammengestellt. Für jede einzelne Notiz haben wir eine Handlungsanweisung an diverse Personen vorgeschlagen, wie Sie dies auch tun sollten. Falls Sie diese Übung trainieren wollen, so überblättern Sie bitte unseren Lösungsvorschlag.

Lösungsskizze

- Zu Notiz 1: Fr. Dennenwaldt nette Absage mit Hinweis auf die Dienstreise schreiben lassen. Form des Briefes (Du) lässt Rückschlüsse auf gutes persönliches Verhältnis und damit Verständnis für die Absage zu. Kollidiert mit den Notizen 9 und 15, daher kann Herr Zimmer nicht als Vertreter einspringen.
- Zu Notiz 2: Fr. Dennenwaldt veranlassen, das Sekretariat des Oberbürgermeisters per Fax an die Dienstreise zu erinnern. Neuer Termin möglichst schnell nach dem 28. Juli.
- Zu Notiz 3: Momentan keine Reaktion nötig. Aber nach Dienstreise Gespräche mit Kanupka und Dennenwaldt füh-

ren. Eventuell Reibungspunkte durch mangelnde Terminkoordination (s. Notizen 13, 14, 15).

- Zu Notiz 4: Herr Zimmer soll einen Präsentationstermin für die Zeit nach dem 28. Juli vereinbaren. Bis zum Termin Konkurrenzangebote und die Stellungnahmen der betroffenen Fachabteilungen (DV, Rechnungswesen etc.) einholen lassen.
- Zu Notiz 5: Zimmer soll die Position der IHK dem Präsidenten der Unternehmensverbände zusenden. Der Termin am 1. August wird von Felix Svensson wahrgenommen.
- Zu Notiz 6: Frau Dennenwaldt soll mit Hinweis auf die bisher guten Geschäftsbeziehungen versuchen, eine Reservierung bis zum 31. Juli zu erreichen. Der 29. und 30. Juli müssen für einen evtl. Termin mit dem Oberbürgermeister freigehalten werden (siehe Notiz 2).
- Zu Notiz 7: Zimmer soll den PR-Assisstenten Herrn Thomsen an die zuständigen Stellen in der IHK verweisen und die kurzfristige Terminsetzung rügen.
- Zu Notiz 8: Frau Dennenwaldt eine kurze Notiz hinterlassen, dass am 24. Juli um 12 Uhr ein Benedikt am Empfang auftauchen und nach Felix Svensson fragen könnte. Der Empfang soll ihn freundlich abwimmeln und mit Sightseeing-Tipps versorgen.
- Zu Notiz 9: Zimmer eine vierseitige Stellungnahme der IHK zum Thema Wirtschaftsstandort Deutschland ausarbeiten und unter dem Namen von Felix Svensson an die Redakteurin Frau Schnell faxen lassen. Im Fax wird auf die Abwesenheit von Svensson am 22. Juli hingewiesen. Weitere Auskünfte durch Zimmer.
- Zu Notiz 10: Zimmer soll eine Präsentation der Tische – und Stühle! – im großen Saal veranlassen. Lieferant 2 auf preis-

gleiches Konkurrenzangebot hinweisen lassen. Entscheidung nach Dienstreise und Probesitzen.

- Zu Notiz 11: Zimmer soll per Fax die unklaren Punkte erfragen und dann so aufbereiten, dass er sie im Gespräch mit dem Hauptgeschäftsführer der Bundesvereinigung am 16. Juli um 12.45 Uhr klären kann. Der Termin kollidiert nur scheinbar mit den Notizen 13 und 14, weil die Vorgaben aus diesen Notizen delegiert werden (Entscheidungen siehe dort).

- Zu Notiz 12: Zimmer beim Sekretariat des Staatssekretärs erkundigen lassen, ob die Tagesordnung/TO noch vor dem 28. Juli da sein muss. Wenn ja, TO bisheriger Veranstaltungen (Dauerthema!) zuschicken lassen. Wenn nein, wird sie wegen möglicher Modifikationen erst nach Svenssons Rückkehr ausgearbeitet und abgeschickt.

- Zu Notiz 13: Die Bildungsreferentin Frau Brenner wird an die Personalleiterin Frau Kanupka verwiesen, um mit ihr den Weiterbildungsbedarf der Mitarbeiter der IHK zu erörtern. Rückmeldung an Frau Dennenwaldt, dass sie derartige Bagatelltermine in Zukunft nur nach Rücksprache vergibt (siehe auch Notiz 15).

- Zu Notiz 14: Frau Dennenwaldt soll Frau Kanupka in nettem Ton – um die Spannung zwischen den beiden nicht zu verstärken (siehe Notiz 3) – schriftlich auf die Arbeitsteilung in der IHK hinweisen und ihr versichern, dass Svensson ihrer Vorauswahl voll und ganz vertraut. Frau Kanupka soll als Personalleiterin drei geeignete Kandidaten auswählen, die sich nach dem 31. Juli in einer zweiten Vorstellungsrunde bei Svensson vorstellen.

- Zu Notiz 15: Herr Zimmer soll EIESEK begrüßen. Wieder schlechte Terminvergabe durch Frau Dennenwaldt (siehe Notiz 13, Konsequenz siehe Zu Notiz 3).

Auf einen Blick

Postkorb

- Sie müssen zuerst alle zur Verfügung stehenden Unterlagen durchlesen. Erst dann fangen Sie mit der Bearbeitung der Vorgänge an.
- Nutzen Sie den Kalender, tragen Sie dort alle Termine ein. Ist kein Kalender vorhanden, fertigen Sie einen eigenen an.
- Das Delegieren fällt Ihnen leichter, wenn Sie ein Organigramm aller beteiligten Personen zur Verfügung haben. Ist kein Organigramm beigelegt, fertigen Sie es an.
- Nutzen Sie bei der Aufarbeitung des Postkorbes unsere Entscheidungsmatrix: Legen Sie für jeden Vorgang fest, ob er wichtig oder unwichtig ist und ob er dringlich oder weniger dringlich ist.
- Fixieren Sie Ihre Entscheidungen schriftlich. Notieren Sie stichwortartig Ihre Entscheidung und eine kurze Begründung.
- Sie lassen bei dringenden, aber weniger wichtigen Vorgängen Ihre Führungsqualitäten erkennen, wenn Sie entsprechend delegieren.
- Ihre im Postkorb angegebene Position, beispielsweise die eines Abteilungsleiters, ist Ihre Handlungsperspektive bei der Bearbeitung der Vorgänge.
- Achten Sie bei der schriftlichen Präsentation Ihrer Ergebnisse auf eine leserliche Handschrift und eine ansprechende äußere Form.
- Gibt es im Anschluss eine Befragung über die Gründe für Ihre Entscheidungen bei einzelnen Vorgängen, müssen Sie gegenüber den Beobachtern nachvollziehbar argumentieren.
- Ist der Ton der Beobachter bei der Befragung eher aggressiv, kann es sich um einen verdeckten Stresstest handeln. Reagieren Sie nicht auf persönliche Angriffe. Bleiben Sie bei Ihren Antworten konsequent und verteidigen Sie Ihre Entscheidungen in ruhigem und sachlichem Ton.

13

Planspiele und Fallstudien

In Planspielen und Fallstudien sind Ihre analytischen Fähigkeiten gefragt. Sie werden sich mit komplexen Sachverhalten auseinander setzen und diese im Team oder alleine bearbeiten und lösen müssen. Nicht nur das Ergebnis, sondern auch der Prozess der Ergebnisfindung wird von den Beobachtern begutachtet. Gelegentlich wird von Ihnen auch eine Präsentation der Ergebnisse verlangt.

Aus Teilinformationen die Gesamtsituation konstruieren

In Planspielen und Fallstudien will man beobachten, wie Sie berufsnahe Aufgabenstellungen einer Lösung zuführen. Ihnen wird ein Szenario vorgegeben, in das Sie sich einarbeiten müssen. Die Informationen sind zumeist sehr umfangreich. Oft müssen Sie sich zudem die wesentlichen Informationen aus den vorgegebenen Unterlagen selbst erschließen. Die Gesamtsituation erfassen Sie nur über die in den einzelnen Unterlagen enthaltenen Teilinformationen. Sie müssen deshalb immer das Informationspuzzle selbst zusammensetzen, bevor Sie an die Lösung der Aufgabe gehen können.

Planspiele und Fallstudien werden als Einzelübung oder als Gruppenübung eingesetzt. Bei einer Einzelübung steht das von Ihnen erzielte Ergebnis im Vordergrund. Bei Gruppenübungen wird besonders der Prozess der Ergebnisfindung im Team beobachtet. Wie auch in den anderen Übungen ist es wichtig, dass Sie den vorgegebenen Zeitrahmen einhalten. Bei Planspielen und Fallstudien ist vor allem von Bedeutung, dass Sie am Ende der Zeitvorgabe ein fundiertes Ergebnis vorweisen können. Es wird erwartet, dass Sie Ihre Ergebnisse schriftlich fixieren. Gelegentlich wird von Ihnen als Anschlussübung auch die Präsentation der Ergebnisse in Vortragsform verlangt.

Planspiele

Ein fiktives Unternehmen leiten

Bei Planspielen wird Ihnen meistens ein fiktives Unternehmen zur Leitung übergeben. Sie haben dann beispielsweise Kredite aufzunehmen, Einkäufe zu tätigen, andere Unternehmen zu übernehmen, Marktbeobachtungen durchzuführen und Personal einzustellen oder zu entlassen.

Bei der Beobachtung und Bewertung Ihres Verhaltens kommt es darauf an, ob Sie Ihr Planspiel in der Gruppe oder alleine durchführen und ob eher quantitative Ergebnisse, wie Gewinn- und Umsatzsteigerungen, oder der Prozess der Informationsaufnahme, -analyse und -auswertung im Vordergrund stehen.

Planspiele, bei denen es am Ende eine Siegermannschaft oder einen Einzelsieger mit dem höchsten Gewinn gibt, kennen Sie wahrscheinlich aus den Börsenspielwettbewerben der Wirtschaftspresse. Alle Teilnehmer bekommen zum Spielbeginn das gleiche Startkapital; wer dieses Kapital bis zum Ende am besten vermehrt, ist der Gewinner. Die Art der Aufgabenstellung deutet bereits auf die typischen Anwender von Planspielen hin: Kreditinstitute und Unternehmensberatungen. Diese Unternehmen setzen Planspiele oft auch als Computersimulation ein.

Fachwissen ist gefragt

Bei Planspielen ist auch Ihr Fachwissen gefragt. Zumindest mathematische Grundkenntnisse werden von Ihnen erwartet. Wenn Sie spezielle Abschreibungs- oder Bewertungsberechnungen durchzuführen haben, kommt es darauf an, dass Sie das richtige Ergebnis errechnen. Unser Beispiel ist einem Assessment-Center für eine Führungsposition im Gebäudemanagement eines Industriekonzerns entnommen.

Beispiel

Planspiel Immobilienbewertung

Die Teilnehmer bekommen Unterlagen aus dem Immobilienbereich. Sieben Objekte werden detailliert vorgestellt. Innerhalb von 60 Minuten sollen die Kandidaten Vorschläge hinsichtlich der Renditeerwartungen, der Finanzierung der Objekte, der Bausubstanz, der zukünftigen Verkaufschancen und zu weiteren vorgegebenen Aspekten entwickeln.

Stehen nicht nur Zahlen, sondern auch Begründungen, Strategien und der Umgang der Teammitglieder untereinander im Fokus der Beobachter, handelt es sich nicht um ein Planspiel, sondern um eine Fallstudie.

Fallstudien

Prozess der Meinungsbildung und Lösungsfindung im Vordergrund

Auch bei Fallstudien finden Sie Aufgabenstellungen, die Sie in vorgegebener Zeit allein oder in der Gruppe lösen sollen. Die Ergebnisse aus den Fallstudien werden schriftlich fixiert oder in Vortragsform präsentiert. Wird die Fallstudie als Gruppenübung durchgeführt, unterliegt der Prozess der Meinungsbildung und Lösungsfindung genauso dem Interesse der Beobachter wie die erreichte fachliche Lösung. Gemeinsam ist allen Fallstudien, dass Sie zu Beginn der Übung Unterlagen ausgehändigt bekommen, die ein Unternehmensszenario beschreiben, das Sie analysieren und einer Lösung zuführen sollen.

Die Fallstudie als Gruppenübung hat eine deutliche Parallele zur Gruppendiskussion. Die Umsetzung unserer im Kapitel »Gruppendiskussion« aufgeführten Techniken und Tipps zur Einnahme der Moderatorenrolle, zum Umgang mit schwierigen Gruppenmitgliedern und zum gezielten Einsatz von Körpersprache ermöglicht es Ihnen auch, Fallstudien souverän zu bewältigen. Im Unterschied zu Gruppendiskussionen werden Ihnen bei Fallstudien deutlich mehr Fakten vorgegeben. Die

Unterlagen zu Fallstudien umfassen meist mehrere Seiten, komplexe Sachverhaltsbeschreibungen, ausführliche Detailschilderungen und viel Zahlenmaterial.

Bei einer Fallstudie als Gruppenübung bekommen die Teilnehmer oft auch Unterlagen mit unterschiedlichen Informationen. Ein Gesamtergebnis ist jedoch nur zu erzielen, wenn die Gruppe zusammenarbeitet. Einzelne Informationen müssen daher einander mitgeteilt werden. Die Aufgabenstellungen sind absichtlich so gehalten, dass die Gruppe nur dann handlungs- und entscheidungsfähig ist, wenn Informationen ausgetauscht werden. Es kommt in diesen Fällen darauf an, in der Gruppe einen gemeinsamen Informations- und Wissensstand zu erarbeiten, bevor die eigentliche Lösungsphase beginnt.

Informationsaustausch ist notwendig

Im Folgenden finden Sie je zwei Beispiele zum Einsatz der Fallstudie als Gruppenübung und zum Einsatz der Fallstudie als Einzelübung.

Fallstudie Gruppenübung

Beispiel

Fallstudie aus dem Assessment-Center eines Automobilunternehmens: Die Teilnehmer bekommen ein Szenario über eine zu erwartende negative Unternehmensentwicklung. In dem Bereich, in dem Sie tätig sind, wird es eventuell zu Entlassungen, auf jeden Fall aber zu Kurzarbeit kommen. Unter Beachtung der Zeitvorgabe von 60 Minuten sollen Sie zusammen mit anderen Mitarbeitern ein DIN-A4-Flugblatt formulieren, das die Unternehmensangehörigen am hausinternen schwarzen Brett in angemessenem Ton informiert und Abwanderungen der Mitarbeiter vorbeugt.

Fallstudie bei einem Unternehmen aus dem Bereich Telekommunikation: Sechs Gruppenmitglieder bekommen jeweils eine Regionalanalyse von tatsächlichen und zukünftigen Anwendern des Kommunikationsdienstes D4-Netz. Ausgehend von den unterschiedlichen Regionalanalysen (Ballungsräume, ländlicher Raum, starke Industrialisierung etc.) sollen die Teilnehmer Elemente einer vertriebsunterstützenden Dachkampagne erarbeiten, die die Zahl der Kunden in allen Regionen steigern soll.

Fallstudie Einzelübung

Beispiel

Fallstudie bei einer Unternehmensberatung: Nach einem Mitarbeiter-Kritikgespräch sollen Sie eine schriftliche Einschätzung über den Mitarbeiter für die Personalakte ausarbeiten. Innerhalb von 30 Minuten soll das Gespräch protokolliert, das Ergebnis festgehalten, zu ausgewählten Aspekten des schwierigen Mitarbeiters Stellung genommen und das zukünftig vom Mitarbeiter erwartete Verhalten beschrieben werden.

Fallstudie bei einem Markenartikler: Entwickeln Sie eine Marketingstrategie, die den drei bekanntesten Produkten eines Unternehmens die Position als Marktführer sichert. Entwerfen Sie eine detaillierte Media-Planung hinsichtlich der Art und der zeitlichen Abstimmung der eingesetzten Medien. Sie haben zur Lösung 60 Minuten Zeit, anschließend wir das Ergebnis vor der Geschäftsleitung präsentiert.

Auf einen Blick

Im Blick

Planspiele und Fallstudien

- In Planspielen und Fallstudien werden die Teilnehmer mit komplexen Aufgabenstellungen aus dem beruflichen Alltag konfrontiert. Sie müssen zu einer Lösung kommen.
- Planspiele und Fallstudien werden als Einzelübung, aber auch als Gruppenübung eingesetzt.
- Bei Gruppenübungen ist der Prozess der Ergebnisfindung für die Beobachter genauso wichtig wie das Ergebnis. Sie müssen in der Gruppe Teilinformationen zu einer umfassenden Informationsbasis zusammenfügen. In Sachen Verhaltensregeln und Techniken weist das Procedere Ähnlichkeiten mit der Übung Gruppendiskussion auf.
- Bei Einzelaufgaben steht das durch Analyse der Unterlagen gewonnene Ergebnis im Vordergrund.
- Die Ergebnisse von Planspielen und Fallstudien müssen entweder schriftlich fixiert oder als Vortrag präsentiert werden.

14

Tests

Der Einsatz von Tests in Personalauswahlverfahren ist rückläufig. Ihre Aussagekraft wird mittlerweile stark angezweifelt. Die Entwicklung von Assessment-Centern beruht nicht zuletzt auf der mangelnden Vorhersagekraft von Ankreuztests. Dennoch werden ab und zu Tests in das Auswahlverfahren integriert. Allerdings ist ihr Stellenwert in der Beurteilung eher bescheiden.

Tests als Lückenfüller

Die im Assessment-Center eingesetzten Tests haben größtenteils den gleichen Zweck wie Aufsätze: den Druck aufrechtzuerhalten und einen Leerlauf in der Durchführung zu verhindern. Wenn die Beobachter mit einzelnen Kandidaten zeitaufwändige Einzelverfahren wie Rollenspiele, Interviews oder Vorträge durchführen, müssen die anderen Teilnehmer in diesem Zeitraum beschäftigt werden. Hier bieten sich unter anderem Tests an, weil sie keine besondere Betreuung verlangen. Dennoch müssen Ihre Testergebnisse zumindest im oberen Mittelfeld liegen. Liefern Sie schlechte Testergebnisse, werden die Beobachter an Ihren Qualitäten zweifeln, und Sie können kein gutes Gesamtergebnis mehr erzielen.

Auch in Tests wird versucht, den Druck auf Sie so hoch wie möglich zu halten. Die Aufgaben an sich sind meist nicht besonders schwierig. Die Bearbeitungszeit wird jedoch immer so gewählt, dass sie nicht ausreicht, um alle Aufgaben zu lösen.

Abhängig von den Anforderungen des zu besetzenden Arbeitsplatzes, dem »Testvertrauen« des Unternehmens und den Vorlieben des Moderators kommen in Assessment-Center Intelligenztests, Leistungstests und Persönlichkeitstests zum Einsatz.

Viele Unternehmen entwickeln auch eigene Tests, denen jedoch keine langjährige wissenschaftliche Arbeit vorausgeht. Diese Tests sind zumeist eine Mischung aus Intelligenz-, Leistungs- und Persönlichkeitstests. Aus Kandidatensicht ist es unerheblich, ob der vorgelegte Test vom Unternehmen selbst oder von Psychologen entwickelt worden ist, die Unterschiede sind beim Ausfüllen nicht zu erkennen. Sie müssen auf jeden Fall mitspielen, egal was Sie von solchen Tests halten.

Intelligenztests

Intelligenztests sollen Ihr Denkvermögen erfassen

Was Intelligenz ist, ist bis heute noch nicht wissenschaftlich geklärt. Einen »allumfassenden Intelligenztest« konnten Psychologen daher noch nicht entwickeln. Intelligenztests bestehen aus verschiedenen Teilen, die jeweils versuchen, unterschiedliche Bereiche des menschlichen Denkvermögens zu erfassen. Das Testergebnis, das eine Person in einem Intelligenztest erzielt, wird mit dem Wert IQ (Intelligenzquotient) angegeben.

Intelligenztests werden in Assessment-Center eingesetzt, um die Fähigkeiten der Teilnehmer in folgenden Bereichen zu bewerten: logisches Denken, praktische Rechenfähigkeiten, Abstraktionsfähigkeit, räumliches Vorstellungsvermögen, Sprachverständnis.

Die folgenden Beispielaufgaben zeigen Ihnen eine Auswahl, was in Intelligenztests auf Sie zukommen kann. Am Ende dieses Kapitels finden Sie die Lösungen zu den Testaufgaben.

Beispiel

Intelligenztest

Aufgabenblock 1: »Setzen Sie die Zahlenreihen fort. Fügen Sie die fehlende Zahl am Ende der Reihe ein!«

A) 1 4 7 10 **?**
B) 18 14 11 9 **?**
C) 9 12 8 11 7 10 6 9 **?**
D) 2 4 6 10 16 **?**
E) 7 7 9 8 11 **?**
F) 8 8 7 10 6 **?**
G) 6 4 2 6 4 **?**
H) 11 22 44 22 44 88 33 **?**

Aufgabenblock 2: »Ergänzen Sie sinnvoll. Jede Reihe von Figuren enthält drei Bilder, das vierte Bild fehlt. Suchen Sie aus den vorgegebenen Bildern mit der Bezeichnung a), b), c), d) und e) das Bild heraus, das die obere Reihe sinnvoll ergänzt. Tragen Sie den richtigen Lösungsbuchstaben dort ein, wo das Fragezeichen steht.«

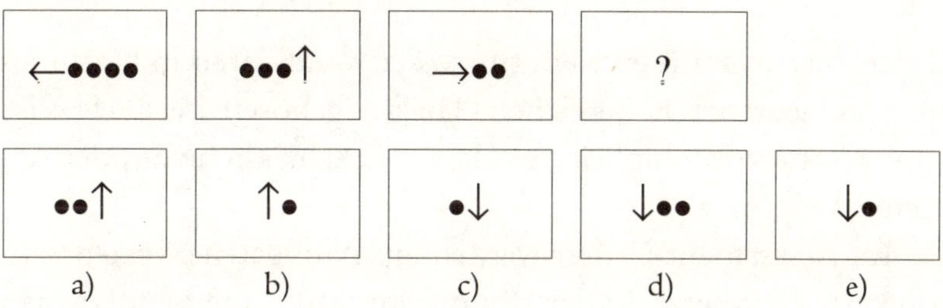

Aufgabe A

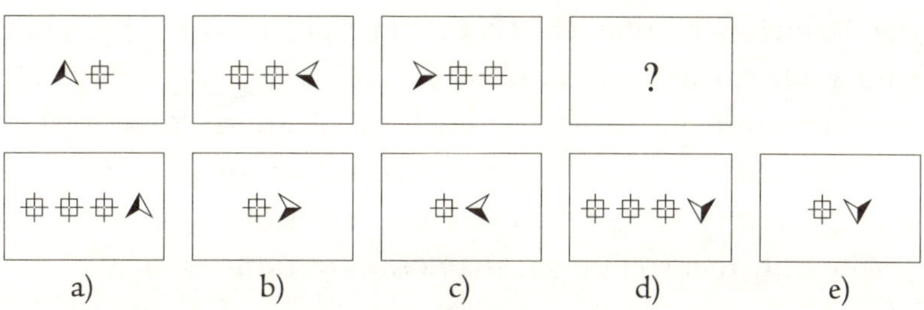

Aufgabe B

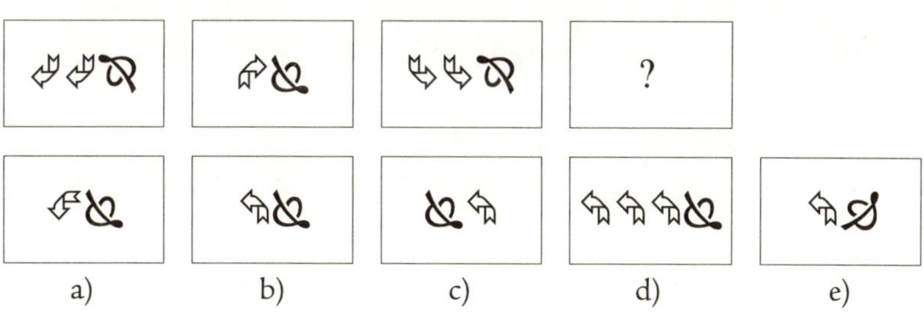

Aufgabe C

Aufgabe D

╥N╨	╨O╥	╨N╥	?

a)	b)	c)	d)	e)
╨O╥	╨N╥	⊥O┬	╥O╨	╥N╨

Leistungstests

Leistungstests prüfen Kenntnisse der Kandidaten in bestimmten, eingegrenzten Bereichen. Hierzu gehören beispielsweise Konzentrationsfähigkeit, Ausdauer, Geschicklichkeit oder Allgemeinwissen.

Im Assessment-Center werden am häufigsten Konzentrationstests eingesetzt. In der Übungsdurchführung benutzt man meistens den Anglizismus »Press-Test«. Mit diesen Tests sollen die Teilnehmer unter Druck gesetzt werden. Die Beobachter wollen überprüfen, ob Kandidaten auch unter Stress sorgfältig arbeiten können. Ziehen Sie auch bei knappen Zeitvorgaben den Test durch. Sie sollten niemals mitten im Test aufgeben und die Bearbeitung abbrechen. Unser Beispiel zeigt Ihnen typische Aufgabenstellungen aus Konzentrationstests.

Beispiel

Konzentrationstest

Aufgabenblock 1: »Welcher Begriff gehört nicht dazu? Bitte streichen Sie bei den folgenden Begriffsgruppen den nicht dazugehörigen kräftig durch!«

1. Schwan - Ente - Gans - Tiger
2. Schrank - Tisch - Rad - Sessel
3. sitzen - laufen - knien - liegen

4. Apfelsine - Pflaume - Kartoffel - Kirsche
5. Tag - Woche - Uhr - Monat
6. gestern - vor kurzem - bald - früher
7. Fahrrad - Motorrad - LKW - Auto
8. Kreis - Dreieck - Würfel - Quadrat
9. Hütte - Haus - Iglu - Kaufhaus

Aufgabenblock 2: »Welche Rechtschreibung ist richtig? In den folgenden Aufgaben wird dasselbe Wort in vier unterschiedlichen Schreibweisen, die mit 1., 2., 3. und 4. bezeichnet sind, gezeigt. Kreuzen Sie die Zahl vor der richtigen Schreibweise an!«

A. 1. Waschmahschine
2. Waschmaschiene
3. Waschmaschine
4. Wahschmaschine

B. 1. Desinteresse
2. Desintehresse
3. Dehsintehresse
4. Desintaresse

C. 1. rationel
2. rationehl
3. ratiohnell
4. rationell

D. 1. Lazareht
2. Lazarett
3. Lahzarett
4. Lazaret

Persönlichkeitstests

Persönlichkeitstests sollen Charaktereigenschaften und Persönlichkeitsmerkmale deutlich machen. Zu den Eigenschaften, die in ihrer unterschiedlich starken Ausprägung erkannt werden sollen, gehören unter anderem Kontaktfähigkeit, Aggression, Antriebsstärke und Belastbarkeit. Der Einsatz von Persönlichkeitstests ist jedoch problematisch, weil aus wissenschaftlicher Sicht bisher nicht klar ist, aus welchen Eigenschaften die menschliche Persönlichkeit besteht. Noch unklarer ist, wie diese möglichen Eigenschaften gemessen werden sollen. Diese Einwände halten manche Ausrichter von Assessment-Center aber nicht davon ab, Sie mit Persönlichkeitstests zu konfrontieren.

Persönlichkeitstests sind umstritten

Im folgenden Beispiel finden Sie einige Fragen aus einem »selbst entwickelten Persönlichkeitstest«, den eine Personalberatung im Assessment-Center einsetzt.

Beispiel

Persönlichkeitstest

Bitte nehmen Sie zu den folgenden Aussagen Stellung, entscheiden Sie sich und kreuzen Sie die Antwortmöglichkeiten (a, b oder c) an:	stimmt (a)	unsicher (b)	stimmt nicht (c)
1. Ich möchte lieber in einer aufstrebenden betriebsamen Stadt wohnen als in einem abgeschiedenen Dorf.	☐	☐	☐
2. Mit fremden Menschen ein Gespräch zu beginnen, fällt mir schwer.	☐	☐	☐
3. Wenn Leute wenig von mir halten, ist mir das gleich.	☐	☐	☐
4. Es amüsiert mich, wenn ich Experten verunsichern kann.	☐	☐	☐
5. In aufregenden Situationen neige ich dazu, nervös und kopflos zu werden.	☐	☐	☐
6. Ich hänge gerne Tagträumen nach.	☐	☐	☐
7. Ich wäre lieber Schauspieler als Buchhalter.	☐	☐	☐
8. Ich gehe auf die andere Straßenseite, um Leuten aus dem Weg zu gehen, die ich nicht treffen möchte.	☐	☐	☐
9. Ich sage manchmal zum Spaß Dinge, nur um Leute in Erstaunen zu versetzen und zu hören, was sie sagen.	☐	☐	☐

Antworten Sie in Persönlichkeitstests so, wie es die Auswerter Ihrer Meinung nach hören möchten. Kreuzen Sie an, was allgemein erwünscht ist. Stellen Sie sich als aktiv, zupackend, innerlich ausgeglichen, gesprächsbereit, hilfsbereit und souverän im Umgang mit anderen dar.

Antworten Sie so, wie es von Ihnen erwartet wird

Die Vorhersagekraft von Persönlichkeitstests liegt deutlich unter der bereits niedrigen von Intelligenz- und Leistungstests. Der Traum der Testgläubigen, dass sich die komplizierte menschliche Persönlichkeit mithilfe von ein paar Kreuzen auf einem Blatt Papier erfassen und bewerten lässt, ist bisher nicht in Erfüllung gegangen. Nach dem derzeitigen Stand der Wissenschaft in Sachen Persönlichkeitstests sind Fortschritte in diesem äußerst umstrittenen Teilbereich der Testforschung nicht zu erwarten.

Lösungen zu den Beispielaufgaben

Intelligenztest

Aufgabenblock 1: A) **13**, B) **8**, C) **5**, D) **26**, E) **9**, F) **12**, G) **2**, H) **66**

Aufgabenblock 2: A) **c**, B) **e**, C) **b**, D) **d**

Leistungstest

Aufgabenblock 1: 1. ~~Tiger~~, 2. ~~Rad~~, 3. ~~laufen~~, 4. ~~Kartoffel~~, 5. ~~Uhr~~, 6. ~~bald~~, 7. ~~Fahrrad~~, 8. ~~Würfel~~, 9. ~~Kaufhaus~~

Aufgabenblock 2: A) **3**, B) **1**, C) **4**, D) **2**

Im Blick

Auf einen Blick

Tests

- Nur in den wenigsten Assessment-Centern werden Tests durchgeführt.
- Tests lassen sich untergliedern in Intelligenztests, Leistungstests und Persönlichkeitstests.
- Um Stress zu erzeugen, ist die Bearbeitungszeit generell so gewählt, dass nicht alle Aufgaben bearbeitet werden können.
- Testergebnisse sind wenig aussagekräftig. Sie dienen vorwiegend zur Beschäftigung von Kandidaten. Aber Achtung: Bei schlechten Testleistungen ist ein gutes Gesamtergebnis nicht zu erreichen.

15

Interviews

Bei Interviews im Assessment-Center steht Ihre Leistungsmotivation und Ihre Selbsteinschätzung im Vordergrund. Die Fragen drehen sich vorwiegend um Ihre soziale und methodische Kompetenz. Man möchte sehen, ob Sie um Ihre Stärken und Schwächen wissen und ob sich die Ergebnisse aus den bisher durchgeführten Übungen im Gespräch bestätigen lassen.

Im Interview während eines Assessment-Centers stellen die Unternehmen schwerpunktmäßig Fragen aus den Themenblöcken:

- Selbsteinschätzung und Leistungsmotivation,
- Stärken und Schwächen.

Ihre Selbsteinschätzung auf dem Prüfstand

Das Interview im Assessment-Center ähnelt einem Vorstellungsgespräch. Die Beobachter interessiert besonders, wie Sie sich selbst einschätzen. Auch hier wird Ihre Körpersprache genauso ausgewertet wie die von Ihnen gegebenen Antworten. Wir machen Sie mit Fragen zur Überprüfung Ihrer Leistungsmotivation vertraut und geben Ihnen Beispiele dafür, wie Sie mit Ihren Antworten überzeugen können. Um deutlich zu machen, dass Sie sich mit Ihren eigenen Fähigkeiten auseinander gesetzt haben, sollten Sie auch Fragen nach Ihren Stärken und Schwächen beantworten können. Durch den gezielten Einsatz Ihrer Körpersprache können Sie Ihre emotionale Stabilität dokumentieren.

Selbsteinschätzung und Leistungsmotivation

Zeigen Sie Ihre Zielstrebigkeit

Mit Fragen wie »Was unterscheidet Sie von anderen Bewerbern?«, »Warum sollten wir gerade Sie einstellen?« oder »Glauben Sie wirklich, Sie passen zu uns?« möchte man herausfinden, wie Sie sich selbst einschätzen. Stellen Sie sich in Ihren Antworten als überdurchschnittlich leistungsfähiger Bewerber dar. Ihr Qualifikationsprofil müssen Sie so aufbereiten, dass es zur ausgeschriebenen Position passt. Geben Sie Beispiele für von Ihnen erzielte Erfolge. Machen Sie deutlich, dass Sie Ihre berufliche Entwicklung bewusst vorangetrieben haben. Vermitteln Sie, dass Ihr bisheriger Werdegang kein Zufallsprodukt, sondern das Ergebnis zielgerichteten Handelns ist. Die Einstiegsposition im Unternehmen sollten Sie als konsequente Fortsetzung Ihres eingeschlagenen Weges darstellen.

Um festzustellen, wie zielstrebig Sie tatsächlich sind und wie Sie Ziele erreichen, wird man Sie weiter mit Fragen folgender Art konfrontieren: »Nennen Sie uns den größten Erfolg, den Sie je hatten!«, »Wie gehen Sie mit Misserfolg um?« oder »Wie gehen Sie schwierige Aufgaben an?« Ihre Antworten sollten zu erkennen geben, dass Sie ein aktiver Problemlöser sind, der nicht gleich aufgibt, wenn er auf Widerstände trifft.

Beispiel

Erfolg

Frage: »Was bedeutet für Sie Erfolg?«

Antwort: »Erfolg bedeutet für mich, gesteckte Ziele in vorgegebener Zeit zu erreichen. In meinem Praktikum habe ich die qualitätssichernden Maßnahmen der Firma dokumentiert und eine Schwachstellenanalyse durchgeführt. Ich konnte bis zum Ende meines Praktikums eine umfassende Ausarbeitung vorlegen, die als Basis für weitere Schritte diente.«

Bei Fragen nach Misserfolgen sollten Sie herausstellen, dass Sie nie aufgeben und Ihre analytischen Fähigkeiten dazu nutzen, den Ursachen auf den Grund zu gehen. Suchen Sie nicht nach Beispielen für eigenes Versagen, sondern stellen Sie die Auflösung problematischer Situationen in den Vordergrund.

Beispiel

Misserfolg

Frage: »Wie gehen Sie mit Misserfolgen um?«

Antwort: »Ich suche nach einer Lösung. Für die Erstellung von Präsentationsunterlagen fehlten mir im Praktikum einmal wichtige Daten. Es war absehbar, dass die Unterlagen nicht zum gewünschten Zeitpunkt fertig gestellt werden konnten. Ich habe um Aufschub gebeten und bin direkt in die Abteilung gegangen, aus der noch Daten fehlten. Zusammen mit Mitarbeitern aus der Abteilung habe ich die Daten dann recherchiert.«

Wenn man Sie danach fragt, was Sie tun würden, wenn Sie mehr Zeit zur Verfügung hätten, will man feststellen, ob der Mittelpunkt Ihres Lebens die Arbeit ist oder ob Sie sich mehr für Ihre Freizeitgestaltung interessieren. Entsprechend sollten Sie Ihre Antwort formulieren. Verdeutlichen Sie in Ihrer Antwort, dass Ihre berufliche Entwicklung für Sie im Vordergrund steht. Sagen Sie, dass Sie zusätzliche Zeit mit geeigneten Weiterbildungsmaßnahmen füllen würden oder zusätzliche Sprachkenntnisse erwerben würden.

Ihre Auseinandersetzung mit Kritik ist gefragt

Bei Ihrer Selbsteinschätzung ist auch Ihre Fähigkeit im Umgang mit Kritik gefragt. Im Berufsalltag müssen Sie sich ständig mit Kritik auseinander setzen. Sie müssen deshalb klarstellen, dass Sie sich bei Kritik nicht in die Schmollecke verziehen oder einen Kleinkrieg gegen Ihren Kritiker beginnen. Differenzieren Sie zwischen sachlicher und unsachlicher Kritik. Persönliche Spannungen im Berufsalltag resultieren oft in Angriffen, die auf der Sachebene ausgetragen werden, ihre Ursache jedoch im zwischenmenschlichen Bereich haben.

Beispiel

Kritik

Frage: »Wie gehen Sie mit Kritik um?«

Antwort: »Bei Kritik analysiere ich die Vorwürfe und entscheide, ob ich meine Arbeitsweise noch einmal überprüfen muss oder ob es sich um Persönliches handelt. Gerechtfertigte Anmerkungen nehme ich auf. Ich bin im Praktikum gut mit meinem Betreuer und den Mitarbeitern zurechtgekommen.«

Für die Unternehmen ist vor allem die Einschätzung entscheidend, wie Sie sich im Berufsalltag bewähren werden. Deshalb versucht man, aus bisherigen Stationen aus Ihrem Werdegang Rückschlüsse auf Ihr zukünftiges Verhalten zu ziehen. Stellen Sie in Ihren Antworten stets einen Bezug zur Berufspraxis her. Lassen Sie Beispiele einfließen, die zeigen, dass Sie erfolgreich arbeiten können.

Beispiel

Teamkompetenz

Frage: »Wie sieht Ihre Teamkompetenz aus?«

Antwort: »Ich kann gut im Team arbeiten. Während meines Praktikums habe ich an der Einführung einer neuen Software mitgearbeitet. Dies hatte Auswirkungen auf die Arbeitsabläufe in den verschiedenen Abteilungen. Meine Aufgabe war es, Schulungsmaßnahmen vorzubereiten und dabei die Vorbildung der einzelnen Anwender zu berücksichtigen.«

Unsere Beispiele zeigen Ihnen auch, dass Sie im Interview Ihre Angaben belegen müssen. Bloße Behauptungen oder abstrakte

Formulierungen wie »Ja, ich verfüge über Teamkompetenz« oder »Meine Teamkompetenz besteht aus Kommunikationsfähigkeit, Leistungsbereitschaft und analytischen Fähigkeiten« überzeugen nicht. Untermauern Sie Aussagen zu Ihren Fähigkeiten immer mit Beispielen. Ihre Beispiele sollten immer auf Ihren Praxiserfahrungen beruhen. Damit beantworten Sie Fragen zur Selbsteinschätzung Ihrer Leistungsmotivation souverän. Versuchen Sie nicht, Ihre eigene Leistung dadurch herauszustellen, dass Sie andere abwerten. Geben Sie in Ihren Antworten immer konkrete Beispiele, mit denen Sie Ihre Fähigkeiten deutlich machen.

Belegen Sie Ihre Antworten mit Praxisbeispielen

Mit unserer Übung »Ihre Antworten auf Fragen zur Selbsteinschätzung und Leistungsmotivation« können Sie trainieren, unsere Hinweise zum Umgang mit diesen Fragen umzusetzen.

Fragen zur Selbsteinschätzung und Leistungsmotivation

Übung

Bitte beantworten Sie die folgenden Fragen:

Frage: »Warum wollen Sie in unserem Unternehmen arbeiten?«

Ihre Antwort: . . . .

. . . .

Frage: »Wie wichtig sind Führungsaufgaben für Sie?«

Ihre Antwort: . . . .

. . . .

Frage: »Wie motivieren Sie sich?«

Ihre Antwort: . . . .

. . . .

Frage: »Was sind Sie für ein Mensch?«

Ihre Antwort: . . . .

. . . .

Frage: »Wie ist Ihre bisherige Entwicklung verlaufen?«

Ihre Antwort: . . . .

. . . .

Frage: »Können Sie sich in ein Team einordnen?«

Ihre Antwort: . . . .

. . . .

Frage: »Was wollen Sie noch erreichen?«

Ihre Antwort: . . . .

. . . .

Frage: »Wie gehen Sie mit Misserfolg um?«

Ihre Antwort: . . . .

. . . .

Frage: »Nennen Sie mir Ihren schönsten Erfolg!«

Ihre Antwort: . . . .

. . . .

Frage: »Wie gehen Sie mit außergewöhnlichen Belastungen um?«

Ihre Antwort: . . . .

. . . .

Frage: »Welches Feedback brauchen Sie für erfolgreiche Arbeit?«

Ihre Antwort: . . . .

. . . .

Frage: »Wie sieht das Arbeitsumfeld aus, in dem Sie sich optimal entwickeln können?«

Ihre Antwort: . . . .

. . . .

Frage: »Was erwarten Sie von Vorgesetzten?«

Ihre Antwort: . . . .

. . . .

Stärken und Schwächen

Kein Interview verläuft ohne die berüchtigten Fragen nach den Stärken und Schwächen der Bewerber. Setzen Sie sich daher unbedingt in Ihrer Vorbereitung mit Ihren Stärken und Schwächen auseinander.

Mit der Frage nach Ihren Stärken und Schwächen müssen Sie rechnen

Für Unternehmen sind die Fragen nach den Stärken und Schwächen ein wichtiger Punkt bei der Überprüfung der Kandidaten. Schließlich geht es im gesamten Assessment-Center darum, aus Ihrem Verhalten auf Ihre Stärken und Schwächen zu schließen. Im Interview wollen die Beobachter wissen, wo Sie selbst Ihre Stärken und Schwächen sehen. Damit lässt sich die Selbsteinschätzung der Kandidaten vertiefen. Mit der Aufforderung »Nennen Sie mir Ihre Stärken und Schwächen!« müssen Sie deshalb auf jeden Fall rechnen.

Auch bei der Darstellung Ihrer Stärken sollten Sie auf Praxiserfahrungen verweisen. Überlegen Sie sich schon in Ihrer Vorbereitung, welche Stärken für die von Ihnen angestrebte Position wichtig sind. Dann suchen Sie Situationen aus Ihren Praktika oder studienbegleitenden Tätigkeiten, die diese Stärken belegen. Auch bei der Beantwortung dieser Frage dürfen Sie keine Leerformeln und Verallgemeinerungen benutzen. Formulierungen wie »Ich bin teamfähig und aufgeschlossen« sind nichtssagend, wenn Sie keine Belege liefern.

Verweisen Sie auf Praxiserfahrungen

Unser Beispiel soll Ihnen zeigen, wie Sie konkrete Beispiele in die Darstellung Ihrer Stärken im Vorstellungsgespräch einbauen können.

Beispiel

Aufgeschlossenheit

»Ich bin neuen Situationen gegenüber sehr aufgeschlossen. Im Studium habe ich die Chance genutzt, ein Auslandssemester in den USA zu verbringen. Die Umstellung auf das amerikanische Studiensystem fiel mir leicht. Ich habe noch heute Kontakt zu den während dieser Zeit neu gewonnenen Freunden.«

Um im Interview zu überzeugen, müssen Sie auf Nachfrage drei Stärken nennen können. Überlegen Sie sich Stärken, die kennzeichnend für Sie sind. Entscheiden Sie sich nur für solche Eigenschaften, für die Sie konkrete Beispiele liefern können. Bei der Ausarbeitung Ihrer Stärken können Sie nach unserem Schema vorgehen.

1. Üben Sie, das Stichwort, das Ihre Stärke kennzeichnet, in einem vollständigen Satz zu nennen.
2. Im nächsten Satz nennen Sie eine konkrete Situation, anhand derer Ihre Stärke deutlich wird.

Motivationsstark

1. »Ich kann mich und andere gut für berufliche Aufgaben begeistern und dadurch motivieren.«
2. »Während meiner Zeit in der Studenteninitiative MarketTeam habe ich eine Projektgruppe für Firmenkontakte gegründet. Ich konnte andere Studenten für die Mitarbeit gewinnen, sodass wir gemeinsam einen Firmenkontakttag an meiner Universität organisieren konnten.«

Anhand unserer Übung »Stärken erkennen und vermitteln« werden Sie trainieren, Ihre Stärken herauszustellen und zu belegen. Diese Vorarbeit wird sich für Sie lohnen.

Stärken erkennen und vermitteln

Jetzt sind Sie an der Reihe: Definieren Sie drei eigene Stärken oder wählen Sie Stärken aus der folgenden Liste aus.

- Durchsetzungsfähigkeit
- Führungsstärke
- Engagement
- Verantwortungsbewusstsein
- Teamfähigkeit
- Leistungsbereitschaft
- Kontaktstärke
- Analytisches Denken
- Einfühlungsvermögen
- Kreativität/Eigene Ideen
- Kompromissbereitschaft
- Aufgeschlossenheit
- Risikobereitschaft
- Verlässlichkeit
- Entschlussfreude
- Belastungsfähigkeit

Alle drei ausgewählten Stärken setzen Sie nun nach dem von uns vorgestellten Schema um.

Stärke 1: ....

1. ....
2. ....

Stärke 2: ....

1. ....
2. ....

Stärke 3: ....

1. ....
2. ....

Schwächen

Zeigen Sie Ihre Fähigkeit zur Selbstreflexion

Bei der Darstellung Ihrer Schwächen ist vor allem wichtig, dass Ihr Interviewer den Eindruck gewinnt, dass Sie sich auch mit Ihren Schwächen auseinander gesetzt haben. Wenn Sie sagen: »Ich habe keine Schwächen!«, wird diese Antwort als überheblich gedeutet, und Ihnen wird mangelnde Selbstkritik unterstellt. Man wird Sie dann sofort mit Ihren Fehlern aus den bisher durchgeführten Übungen konfrontieren, zum Beispiel damit, dass Sie im Mitarbeitergespräch zu weich waren oder dass Ihre rhetorischen Fähigkeiten im Vortrag nur mittelmäßig waren. Um Sie unter Stress zu setzen, wird man diese Anmerkungen drastisch formulieren.

Versuchen Sie auch nicht, sich mit Humor aus der Affaire zu ziehen. Humor ist hier fehl am Platz. Antworten Sie bitte nicht: »Meine größte Schwäche ist, dass ich abends manchmal das Zähneputzen vergesse.« Auch bei »witzigen« Antworten wird natürlich sofort nachgehakt: »Vielen Dank für Ihre humorvolle

Einlage. Aber beantworten Sie nun bitte meine Frage nach Ihren Schwächen!«

Um Ihre Fähigkeit zur Selbstreflexion unter Beweis zu stellen, müssen Sie in der Lage sein, eine Schwäche von sich zu nennen. Damit diese Schwäche jedoch nicht als schwerwiegender Makel erscheint, sollten Sie die Darstellung Ihrer Schwäche sorgfältig aufbauen. Das folgende Schema ist dafür optimal geeignet.

1. Nennen Sie die Schwäche in einem Satz und benutzen Sie Relativierungen, beispielsweise: manchmal, ab und zu, gelegentlich, es kommt vor, früher.
2. Geben Sie ein Beispiel dafür, wie sich die Schwäche in der Vergangenheit bemerkbar gemacht hat.
3. Legen Sie dar, was Sie getan haben, um Ihre Schwäche in den Griff zu bekommen.

Offenheit

»Ich bin manchmal zu offen anderen gegenüber. In meinem Praktikum habe ich gegenüber einem Mitarbeiter aus einer anderen Abteilung Schwierigkeiten bei der Projektabstimmung erwähnt. Dadurch fühlte sich mein Betreuer übergangen. Ich achte jetzt mehr darauf, die vorgesehenen Informationswege einzuhalten.«

Nennen Sie höchstens zwei Schwächen

Zählen Sie auch nicht zu viele Schwächen auf. Nennen Sie zunächst nur eine Schwäche. Eine zweite Schwäche sollten Sie nur bei Nachfragen angeben. Bei weiterer Nachfrage sollten Sie antworten, dass Ihnen beim besten Willen keine Schwäche mehr einfällt. Damit Sie Ihre Schwächen im Interview so darstellen können, dass Sie kein Eigentor schießen, sollten Sie nun anhand unserer Übung »Schwächen darstellen« trainieren.

Schwächen darstellen

Übung

Schreiben Sie zuerst alle Ihre Schwächen auf. Gehen Sie dann Ihre Schwächen einzeln durch und überprüfen Sie, ob sich die Schwäche mit unserem Schema in einer für das Interview geeigneten Weise darstellen lässt. Eine gut aufgebaute Schwäche könnte so aussehen:

1. »Ich bin manchmal zu abwartend.«
2. »Während meiner Tätigkeit als Werksstudentin wurde mir gesagt, dass ich mich mehr einbringen sollte. Ich war erst überrascht, weil ich dachte, dass das stört. Ich hatte viele Ideen, aber auf eine Aufforderung gewartet, um sie vorzustellen.«
3. »Heute warte ich nicht mehr so lange, ich werde schneller von mir aus aktiv.«

Wenn Sie mehrere Schwächen gefunden haben, die in das Schema passen, sollten Sie sich nun für die zwei Schwächen entscheiden, die Sie bei der gewünschten Einstiegsposition am wenigsten behindern.

Meine Schwäche: ....

1. ....
2. ....
3. ....

Meine (Reserve-)Schwäche: ....

1. ....
2. ....
3. ....

Körpersprache im Interview

Ihre Körpersprache wird auch im Interview beobachtet und in Beziehung zu Ihren Antworten gesetzt. Man achtet bei Ihnen auf Mimik, Gestik, Sitzhaltung, Tonfall, Sprechtempo und die Lautstärke Ihrer Stimme.

Manchmal sitzen Ihnen im Interview mehrere Fragesteller gegenüber. In dieser Situation sollten Sie darauf achten, einen Blickkontakt mit allen Anwesenden zu erreichen. Sehen Sie bei Ihren Antworten nicht nur den Fragesteller an. Gerade wenn der Moderator die meisten Fragen stellt, fühlen sich die Entscheidungsträger aus dem Unternehmen schnell ausgegrenzt, wenn Sie Ihre Aufmerksamkeit nur dem Moderator widmen. Da sich aber alle Anwesenden eine Meinung über Sie bilden, beeinflusst das Ihr Gesamtergebnis negativ. Beziehen Sie deshalb alle Anwesenden im Interview durch Augenkontakt mit ein.

Halten Sie Blickkontakt mit allen Fragestellern

Mit der einen oder anderen Stressfrage sollten Sie besser rechnen

Stellen Sie sicher, dass Ihre Antworten von einer entsprechenden Körpersprache unterstützt werden. Nehmen Sie beim Sitzen eine Grundhaltung ein, die Interesse und Offenheit dokumentiert. Richten Sie sich so aus, dass Sie alle Fragesteller im Blick haben. Sitzen Sie aufrecht, stellen Sie die leicht geöffneten Beine im rechten Winkel auf den Boden und legen Sie Ihre Hände auf die Oberschenkel. Die rechtwinklige Beinstellung verhindert, dass Sie im Stuhl immer weiter nach vorne von der Sitzfläche rutschen.

Nehmen Sie eine offene Grundhaltung ein

Abwehrgesten sollten Sie auf jeden Fall vermeiden. Kandidaten, die ständig die Arme vor dem Oberkörper verschränken und womöglich dabei die Beine ineinander verschlingen, haben schlechte Karten. Von den Beobachtern werden solche Gesten als Unsicherheit gedeutet. Auch das Durchkneten von Papier, das Herumspielen mit einem Stift oder das nervöse Drehen am Ring ist kein Beleg für Ihre emotionale Stabilität. Halten Sie deshalb keine Gegenstände in den Händen und legen Sie die Hände immer wieder auf Ihre Oberschenkel.

Auch so genannte Revierverletzungen sind problematisch, weil Sie den Gesprächspartner negativ einstimmen und damit von den Gesprächsinhalten ablenken. Nervöses Trommeln auf der Tischplatte oder zu dichtes Heranrücken wird von den meisten Menschen als unangenehm und aufdringlich empfunden. Männliche Kandidaten, die im Gespräch mit weiblichen Moderatoren Dominanzgesten wie eine Sitzhaltung mit auseinander klaffenden Beinen oder abwertende Handbewegungen einsetzen, empfehlen sich ebenfalls nicht als Führungsnachwuchs.

Vermeiden Sie Revierverletzungen

Die Anpassung Ihres Sprechtempos ist ebenfalls wichtig. Schlagworte und Schlüsselbegriffe setzen Sie im Gespräch mit größerer Wirkung ein, wenn Sie sie deutlich betonen und ein mittleres Sprechtempo wählen. Dauerreden ohne Punkt und Komma verhindert, dass Ihre Schlagworte und Schlüsselbegriffe bei den Zuhörern ankommen. Formulieren Sie dagegen zu langsam, hängen Ihre Gesprächspartner schnell eigenen Gedanken nach. Entwickeln Sie Ihr Gespür für die Situation, achten Sie darauf, welches Sprechtempo die Fragenden benutzen und nehmen Sie diese Vorgabe auf.

Auf einen Blick

Interviews

Im Blick

- Das Interview im Assessment-Center gleicht einem Vorstellungsgespräch. Der Schwerpunkt liegt auf Ihrer Selbsteinschätzung und Ihren Stärken und Schwächen.
- Ihre Selbsteinschätzung und Fragen zu Ihren Stärken sollten Sie mit Beispielen aus Ihrer Berufspraxis untermauern.
- Die Frage nach Ihren Schwächen dient dazu, Ihre Selbstreflexion zu überprüfen. Gehen Sie nach diesem Schema vor:
  1. Geben Sie Ihre Schwäche mit Relativierungen an.
  2. Nennen Sie eine Situation, in der sich Ihre Schwäche bemerkbar gemacht hat.
  3. Stellen Sie dar, was Sie getan haben, um Ihre Schwäche in den Griff zu bekommen.
- Beschränken Sie sich auf eine oder zwei Schwächen.
- Die Körpersprache der Kandidaten wird im Interview besonders beachtet.
- Achten Sie im Interview mit mehreren Personen darauf, Ihre Sitzhaltung so auszurichten, dass Sie alle Interviewer in Ihrem Blickfeld haben. Schauen Sie abwechselnd alle Anwesenden beim Antworten an.
- Nehmen Sie im Interview immer wieder eine entspannte Grundhaltung ein.
- Vermeiden Sie Abwehr- und Verlegenheitsgesten.
- Achten Sie darauf, keine Revierverletzung zu begehen.
- Kontrollieren Sie Ihr Sprechtempo.

16

Selbst- und Fremdeinschätzung

Manchmal werden Sie am Ende eines Assessment-Centers dazu aufgefordert, Ihre eigenen Leistungen und die der anderen Kandidaten zu bewerten. Hier achtet man auf Ihre Kritik- und Reflektionsfähigkeit. Die Ergebnisse Ihrer Selbsteinschätzung sollten realistisch sein, dennoch dürfen Sie sich nicht unter Wert verkaufen.

Die Selbsteinschätzung soll zeigen, ob die Kandidaten in der Lage sind, über sich selbst und ihr Verhalten zu reflektieren. Dabei hat sich gezeigt, dass die Selbsteinschätzung der Kandidaten mit den Bewertungen der Beobachter meist übereinstimmt. Kandidaten, die sich selbst als zögerlich und abwartend einschätzen, sind meist auch von den Beobachtern entsprechend bewertet worden, und diejenigen, die sich als durchsetzungsfähig und zupackend sehen, erhalten von den Beobachtern zumeist ebenfalls eine entsprechend positive Rückmeldung.

Der Stellenwert des Kollegenurteils

Die Fremdeinschätzung wird oft dazu herangezogen, die Bewertung der Beobachter zu bestätigen oder eventuell zu korrigieren. Der Hintergrund dieser Entwicklung liegt in der Erkenntnis von Arbeits- und Organisationspsychologen, dass das Kollegenurteil oftmals genauere Aussagen über den zukünftigen beruflichen Erfolg eines Menschen ermöglicht als ausgeklügelte Personalauswahlverfahren.

Als Kollegenurteil wird bezeichnet, wenn Mitarbeiter, die in der betrieblichen Hierarchie weiter unten stehen und Kollegen, die sich auf der gleichen Hierarchiestufe befinden, vor einer Beförderung über die Führungsqualitäten der zu befördernden Person befragt werden. Die von Mitarbeitern und Kollegen abgegebene Einschätzung hat oft zuverlässigere Ergebnisse gezeigt als Interviews mit der Fach- oder Personalabteilung oder Assessement-Center. Dieses Phänomen hat einige Unternehmen dazu veranlasst, Fremdbewertungen auch in Assessment-Center für Hochschulabsolventen einzuführen. Dann sollen die Teilnehmer ihre Meinung darüber äußern, wer aus ihrer Mitte die oder der Geeignetste für den Einstieg in das Unternehmen wäre.

Welcher Teilnehmer ist der Geeignetste?

Peer-Ranking und Peer-Rating

Bei der Selbst- und Fremdeinschätzung lassen sich zwei Formen unterscheiden:

- Peer-Ranking und
- Peer-Rating.

Beim Peer-Ranking geht es darum, sämtliche Teilnehmerinnen und Teilnehmer in eine Reihenfolge zu bringen, die aussagen soll, wer insgesamt am besten abgeschnitten hat. Wer erhält die Goldmedaille? Wer die Silbermedaille? Wer Bronze? Die Kandidaten werden gebeten, eine Liste zu erstellen und eine Rangfolge der Kandidaten nach ihren Leistungen festzulegen.

Das Peer-Rating ist präziser: Hier geht es darum, das Verhalten der Teilnehmer in den einzelnen Übungen zu bewerten. Wer war der Beste in der Gruppendiskussion? Wer die Zweitbeste? Wer war die Beste in der Themenpräsentation? Wer der Zweitbeste? Manchmal bekommen Sie auch Skalen vorgegeben, beispielsweise eine Skala von eins bis sechs, auf der Sie das Verhalten der anderen oder das eigene Verhalten in den einzelnen Übungen einordnen sollen.

Beurteilung der Teilnehmer in den einzelnen Diziplinen

Taktische Selbsteinschätzung

Die Einschätzung der anderen fällt meistens nicht schwer. Problematisch ist eher, das eigene Verhalten taktisch geschickt zu zensieren. Wie sollen Sie sich entscheiden? Überheblich oder bescheiden? Bei allen Übungen Platz 1 oder lieber das Mittelfeld?

Stellen Sie Ihre guten Leistungen in den Vordergrund

Wenn man Ihnen die Reihenfolge der Übungen, bei denen Sie sich selbst einschätzen sollen, überlässt, so sollten Sie Ihre Selbsteinschätzung mit den Übungen anfangen, in denen Sie am besten abgeschnitten haben. Denn zumeist ist die Zeit am Ende eines Assessment-Centers eher knapp und man kann nicht alle Übungen mit Ihnen besprechen. So bleibt Ihnen vielleicht die Erwähnung vom weniger guten Abschneiden in einer Übung erspart und die Signalwirkung der positiven Selbsteinschätzung bleibt hängen. Sind beispielsweise Ihre Gruppendiskussion und Ihr Vortrag besonders gut gelungen, heben Sie diese Übungen hervor und begründen Sie Ihre Meinung.

Belasten Sie sich nicht selbst

Übungen, die weniger gut gelaufen sind, sollten Sie nur dann eingestehen, wenn Sie sich ganz sicher sind, dass die Beobachter zu ähnlichen Einschätzungen über Sie gekommen sind wie Sie selbst. Im Strafprozess und im Bewerbungsverfahren gilt schließlich gleichermaßen, dass Sie sich nicht selbst belasten müssen. Treiben Sie sich also nicht selbst in den Abgrund! Ansonsten gilt bei weniger gutem Abschneiden der bewährte Tendenz-zur-Mitte-Trick. Wenn Sie eine Übung nicht absolut »verbockt« haben, ordnen Sie Ihr eigenes Verhalten bei weniger gut gelaufenen Übungen etwa in der Mitte einer gedachten oder tatsächlichen Bewertungsskala ein. Von dieser Position aus können Sie im schlimmsten Fall immer noch etwas nach unten abweichen, ohne dabei allzu großen Gesichtsverlust zu erleiden oder womöglich als kritik- und reflektionsunfähig zu gelten.

Mit Nachfragen der Beobachter zu Ihren Angaben über sich selbst und über die anderen Kandidaten müssen Sie natürlich rechnen. Wichtig für Ihre Begründungen bei den Selbst- und Fremdeinschätzungen ist, dass Sie immer sichtbares Verhalten und keine bloßen Vermutungen über innere Beweggründe als Ausgangspunkt Ihrer Bewertungen wählen. Nur beobachtbares Verhalten ermöglicht es Ihnen, Eindrücke und Schlussfolgerungen mit den Beobachtern auszutauschen.

Auf einen Blick

Selbst- und Fremdeinschätzung

Im Blick

- Bei der Selbst- und Fremdeinschätzung lassen sich das Peer-Ranking und das Peer-Rating unterscheiden.
- Beim Peer-Ranking werden die Kandidaten aufgefordert, eine Rangliste der besten Teilnehmer zu erstellen.
- Beim Peer-Rating müssen die Kandidaten das Verhalten der Teilnehmer in den einzelnen Übungen einschätzen.
- Die Selbsteinschätzung der Kandidaten über das eigene Abschneiden im Assessment-Center dient dazu, ihre Reflektionsfähigkeit zu überprüfen.
- Ihre Selbsteinschätzung sollte nicht zu weit von den Bewertungen der Beobachter abweichen.

Ihr Karrierestart

Das Fundament Ihrer weiteren Karriere

Mithilfe dieses Ratgebers haben Sie gelernt, dass das Assessment-Center kein undurchschaubares Verfahren ist. Sie wissen jetzt, wo Sie mit Ihrer Vorbereitung ansetzen und wie Sie das Ergebnis in Ihrem Sinne beeinflussen können. Im Assessment-Center werden Sie mit Anforderungen konfrontiert, die Sie auch in Ihrem späteren Berufsleben bewältigen werden. Wer Karriere machen will, wird auch im Beruf immer wieder beweisen müssen, dass er über Kommunikationsgeschick, souveräne rhetorische Fähigkeiten, überzeugende Präsentationstechniken, ergebnisorientierte Besprechungs- und Moderationstechniken, eine analytische Arbeitsweise und ein effektives Zeitmanagement verfügt. Der Stellenwert dieser sozialen und methodischen Kompetenzen hat in allen Berufsfeldern stark zugenommen.

Das positive Bild von Ihnen bleibt

Wenn Sie im Assessment-Center die Beobachter überzeugen können, haben Sie ein wichtiges Fundament für Ihre weitere Karriere geschaffen. Mit einem guten Auftritt beweisen Sie Ihren zukünftigen Vorgesetzten, dass auch im zukünftigen Berufsalltag Überdurchschnittliches von Ihnen zu erwarten ist. Diese Wirkung verfliegt nicht am Ende der Veranstaltung. Die Mitglieder der Beobachterkonferenz, die in der Regel Schlüsselpositionen im Unternehmen besetzen, werden das positive Bild, das Sie von Ihnen gewonnen haben, auch nach Ihrem Einstieg in das Unternehmen bewahren. Damit nehmen Sie schon beim Berufseinstieg wichtige Weichenstellungen für Ihre weitere Entwicklung im Unternehmen vor.

Gut vorbereitet durch den Assessment-Center-Dschungel

Verspielen Sie die Möglichkeiten, die Ihnen das Assessment-Center bietet, nicht dadurch, dass Sie dieses Auswahlverfahren als »Spielwiese der Selbsterfahrung« abtun. Versuchen Sie stets, auf ein Top-Ergebnis hinzuarbeiten, um sich alle Türen offen zu halten. Wir haben Sie in diesem Ratgeber damit vertraut gemacht, wie Sie das Auswahlverfahren Assessment-Center optimal bewältigen können. Unsere Übungen haben Ihnen die Möglichkeit zum eigenen Ausprobieren unserer Insidertipps und Techniken gegeben. Suchen Sie nach Möglichkeiten, Ihr neues Wissen innerhalb und außerhalb der Hochschule einzusetzen, um mehr Sicherheit zu gewinnen. Gewöhnen Sie sich daran, Ihre soziale und methodische Kompetenz auch im (Hochschul-)Alltag weiter zu entwickeln.

Arbeiten Sie stets auf ein Top-Ergebnis hin

Halten Sie Referate oder Vorträge und achten Sie dabei auf Ihre Körpersprache. Setzen Sie gezielt Medien ein und bauen

Sie Ihr Manuskript anhand unseres Vortragsschemas auf. In Diskussionen sollten Sie die von uns vorgestellten Strategien zur Argumentation und Gesprächsführung umsetzen. Setzen Sie sich mit der Verwendung von Schlagworten und Schlüsselbegriffen in Szene. Achten Sie auf ein konstruktives Diskussionsklima, wirken Sie Blockbildungen entgegen und nehmen Sie eine vermittelnde Position ein. In Gesprächen ist es auch außerhalb des Assessment-Centers sinnvoll, eine gemeinsame Informationsbasis zu schaffen und Sachinformationen von subjektiv gefärbten Bewertungen zu trennen.

Suchen Sie nach Übungsmöglichkeiten

Im gesamten Bewerbungsverfahren wird Ihnen eine aussagekräftige Selbstpräsentation – ein Kurzvortrag über Ihre Qualifikationen – nützlich sein. Orientieren Sie sich an dem von uns vorgestellten Schema und erarbeiten Sie sich ein aussagekräftiges Marketing in eigener Sache. Ihr Engagement in der Assessment-Center-Vorbereitung wird sich für Sie lohnen.

Betrachten Sie eine Einladung zum Assessment-Center als Anerkennung für Ihren bisherigen Werdegang und als Belohnung für Ihre bisherigen Bewerbungsaktivitäten. Unsere Erfahrung zeigt, dass Bewerberinnen und Bewerber der Berufseinstieg schnell gelingt, wenn sie es verstehen, die Chance Assessment-Center zu nutzen. Viel Erfolg bei Ihrem Karrierestart wünschen Ihnen

Christian Püttjer und *Uwe Schnierda*

Register

Profi-Tipps für den Karriere-Kick

Ob Ein-, Auf- oder Umsteiger: Im Mittelpunkt der Ratgeber von Püttjer & Schnierda steht stets die Umsetzbarkeit der Bewerbungsstrategien durch den Ratsuchenden. Praxisorientierung und Berufsbezogenheit werden ganz groß geschrieben. Die Autoren vermitteln kein Allerweltsschema, das auf jeden Leser passt. Stattdessen kann jeder Bewerber mithilfe dieser Ratgeber seine individuelle Strategie entwickeln. Qualität, Originalität, eine frische Sprache und klare, eindeutige Tipps – das sind die Markenzeichen dieser Bewerbungs- und Karriereratgeber.

Im Campus Verlag sind bisher vom Erfolgsduo Püttjer & Schnierda erschienen:

- **Überzeugen mit Anschreiben und Lebenslauf** Die optimale Bewerbungsmappe für Um- und Aufsteiger
- **Souverän im Vorstellungsgespräch** Die optimale Vorbereitung für Um- und Aufsteiger
- **Vom Bewerber zum Wunschkandidaten** Die optimale Bewerbungsmappe für Hochschulabsolventen
- **So überzeugen Sie im Bewerbungsgespräch** Die optimale Vorbereitung für Hochschulabsolventen
- **Professionelle Bewerbungsberatung für Führungskräfte** Der Praxisratgeber für Ihren beruflichen Erfolg
- **Assessment-Center-Training für Führungskräfte** Die wichtigsten Übungen – die besten Lösungen
- **Optimal präsentieren** So überzeugen Sie mit Körpersprache
- **Erfolgsfaktor Körpersprache** Sicher auftreten im Beruf
- **Körpersprache im Assessment-Center** Sicher auftreten – souverän überzeugen
- **Erfolgreich im Assessment-Center** Das Trainingsprogramm für Hochschulabsolventen
- **Die gelungene Online-Bewerbung** Vom ersten Kontakt zum Vorstellungsgespräch
- **Wiedereinstieg für Frauen** Optimale Bewerbungsstrategien nach der Familienpause
- **So schaffen Sie den Einstieg** Bewerbungstraining für Schulabgänger